遗传基因

懂懂鸭 著

U0225455

电子工业出版社.

Publishing House of Electronics Industry

北京·BEIJING

推荐序

科技作为国之利器，是为中国制造业注入的一股活力，是打开未来之门的一把钥匙。这样听起来，科技好像离我们很遥远？其实，在家里和我们"聊天"的语音助手是科技，商店里用来结账的人脸支付是科技，为通信网络保驾护航的人造卫星也是科技……可以说科技无所不在。从小到大，我们身边的科技产品仿佛有魔力般改变着我们的生活，给我们带来了便捷、创造力和无数的乐趣。但是，你有没有想过这些神奇科技背后的秘密？

《奇迹中国 无所不在的中国科技》这套书通过十大主题的方式讲解了目前最热门的十大科技领域，用全新的漫画形式将复杂的科学原理转化成通俗易懂的故事，每一页都充满着创意和惊喜。比如，可以跟着纳米机器人进入人体内部一起"工作"，也可以看"生病"的量子计算机如何被治愈，还能去"未来动物园"看如何借助基因编辑复活灭绝动物……此外还有仿生机械、脑机接口、航天探测等主题，一个个鲜活的科技世界呈现在我们的面前。

同时，这套书也是我们国家科技发展的一次全面展示，配套的"中国科技"小栏目，不仅反映了我们中国人不断超越自我、超越梦想的伟大精神，也更清晰地呈现出中国科技的发展历程和未来趋势，从而让我们树立强国自信。不信你看，年轻的北斗卫星让中国成为全球第三个可以提供卫星导航系统服务的国家；全球首台人工神经机器人——神工一号，让中国实现了用意念控制瘫痪肢体做出动作反应的重大医疗突破……

因此，通过这套书你们会认识到，我们每个人都可以把对科技的兴趣和热爱转化为强大的力量，成为科技的先驱者，在未来的科技领域有所成就，为我们的国家贡献更多的力量。

让我们一起为中国的科技事业加油，为我们的未来加油！

胡垚

中国生物信息学会会员

参与江苏省"肿瘤早筛研究"项目

二叔，据说在未来动物园能看到猛犸，你快带我去看看！

出发！

猛犸和现在的大象拥有共同的祖先，曾经在地球上的很多地方留下足迹。可惜早在约 1 万年前就已经灭绝，灭绝原因至今不明。

大海雀于 1844 年灭绝

开普狮于 1865 年灭绝

渡渡鸟于 1681 年灭绝

我先带你认识一下"基因"吧!

那太有意思了!基因编辑是什么样的技术呢?

南加利福尼亚猫狐于 1903 年灭绝

基因最早来源于生物学家孟德尔的一个假设,我们先来看看他做的豌豆实验。

做实验?

孟德尔把不同样子的豌豆播种下去,观察它们的生长。

孟德尔
奥地利生物学家
发现遗传定律
现代遗传学之父

种子形状	子叶颜色	种皮颜色	豆荚形状	豆荚颜色	花的位置	茎的高度
圆滑	黄色	灰色	饱满	绿色	叶腋	高茎
皱缩	绿色	白色	不饱满	黄色	茎顶	矮茎

每个生物都有自己的性状,比如植物的颜色、形状等,人类的血型、身高等,性状就是生物里所有特征的总称。孟德尔研究了豌豆的 7 种性状。

孟德尔为拥有不同性状的豌豆人工授粉，比如把黄色圆粒豌豆作为豌豆"爸爸"，绿色皱粒豌豆作为豌豆"妈妈"。

经过授粉的豌豆终于结出了豆荚。

黄色圆粒　　　　　　　　　　　绿色皱粒
YYRR　　　×　　　　　　　　yyrr

黄色圆粒　　　　YyRr

孟德尔发现，黄色圆粒豌豆"爸爸"和绿色皱粒豌豆"妈妈"的孩子大多数是黄色的圆粒。难道有某种神秘物质保留了豌豆"爸爸"的性状？

我猜豌豆细胞中可能存在一种可以决定它特征的物质！

孟德尔假设有一种控制豌豆生物性状的物质，并把它叫作遗传因子。后来由约翰逊提议将遗传因子命名为"基因"。

二叔，除了豌豆，其他生物也有基因吗？

当然啦，所有生物都存在基因。

原来如此，那人类的基因在哪儿呢？

你看，我们的身体就是由这些小小的"豆子"组成的，它们叫细胞。人体最大的细胞是成熟的卵细胞，它的直径跟我们头发的直径差不多。更多的是我们肉眼看不到的小细胞。

细胞里面还有细胞核，细胞核中有很多染色体，人类的大部分基因就住在这些染色体上。

咳，我们的家一般在 DNA 上！

细胞质

细胞核

细胞膜

细胞核

染色体

基因附在染色体上

染色体分为 DNA 和蛋白质两部分，我们的基因就是 DNA 上带有有效遗传信息的片段。

基因就像一串含有遗传信息的代码，生物的发育生长过程就是通过这些代码来控制的。

你看，我们是一段一段的DNA片段！

基因小人

DNA有两条链，就像麻花一样拧在一起。

那没有基因的DNA片段有什么作用呢？

有些起到支撑作用，有些可以调控遗传信息。但是我们目前的研究水平还不足以破译全部的基因密码。

基因小人

每条DNA链又由许许多多携带着信息的脱氧核苷酸积木——A、C、T和G，拼叠而成。

蛋白质小人

遗传信息其实就是核苷酸积木的不同排列组合方式，DNA会把排列情况记录下来，再进行复制，也就是遗传。

基因小人

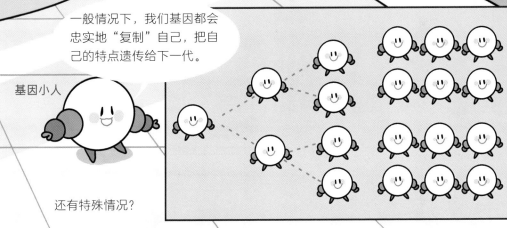

一般情况下，我们基因都会忠实地"复制"自己，把自己的特点遗传给下一代。

基因小人

还有特殊情况？

不过，有时也会不小心把核苷酸积木摆错了！

正常的核苷酸积木

缺失的核苷酸积木

这时，人体就可能出现问题！

基因小人

二叔,那人们怎么才能知道自己的病是基因出现问题导致的呢?

做基因检测!

基因检测就是通过血液或其他体液对人体的 DNA 进行检测。

基因检测可以发现许多遗传病,如高血压、糖尿病等,虽然先天性基因疾病一般不能治愈,但患者可通过饮食、药物或其他治疗手段进行预防或治疗。

这样可以尽量避免有基因缺陷的宝宝出生!

医生会通过抽取孕妇的血液或者羊水对胎儿进行基因检测,筛查唐氏综合征、13-三体综合征、18- 三体综合征等遗传疾病。

有时我们身体会受到环境的影响，比如受到物理辐射时，我们身体中的核苷酸积木可能就会出现摆放错误的情况，导致癌症等疾病。

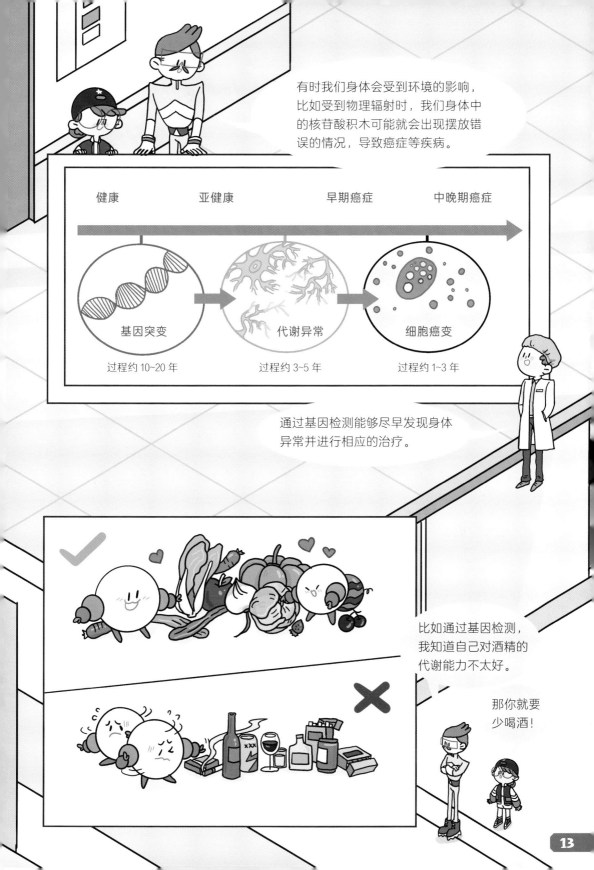

健康　　　　亚健康　　　　早期癌症　　　　中晚期癌症

基因突变　　　　　　　代谢异常　　　　　　细胞癌变

过程约 10~20 年　　　　过程约 3~5 年　　　　过程约 1~3 年

通过基因检测能够尽早发现身体异常并进行相应的治疗。

比如通过基因检测，我知道自己对酒精的代谢能力不太好。

那你就要少喝酒！

我改主意了！

虽然一般情况下，基因会按照原样复制下一代，但也有意外情况！

黄色圆粒 YYRR

绿色皱粒 yyrr

黄色圆粒  YyRr

孟德尔的实验中，黄色圆粒豌豆"爸爸"和绿色皱粒豌豆"妈妈"的孩子里，绝大多数都是黄色圆粒。但是这些黄色圆粒豌豆的下一代却出现了黄色皱粒和绿色圆粒。

这是两种全新的豌豆！

黄色圆粒　黄色皱粒　绿色圆粒　绿色皱粒

没错，黄色皱粒和绿色圆粒其实就是基因重组的结果！

基因重组就是生物体进行有性生殖的过程中，控制不同性状的基因重新组合。

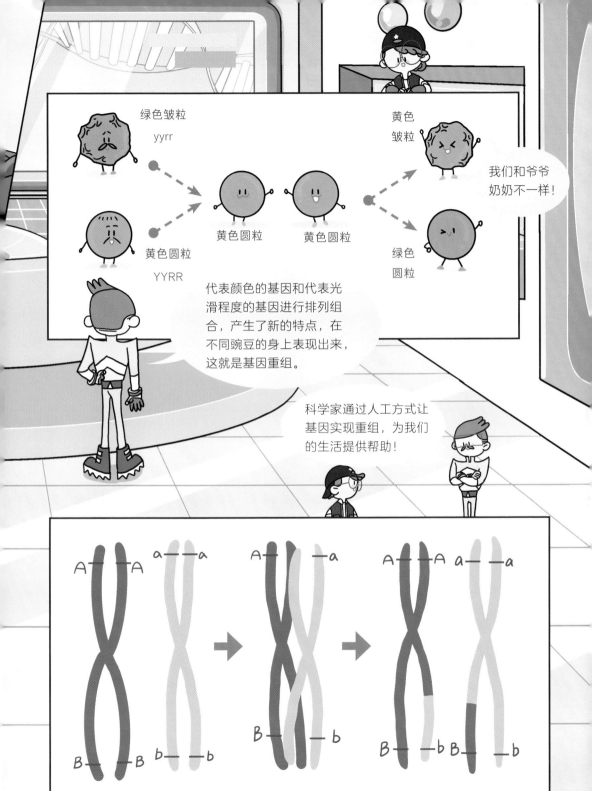

绿色皱粒
yyrr

黄色圆粒
YYRR

黄色圆粒

黄色圆粒

黄色
皱粒

绿色
圆粒

我们和爷爷
奶奶不一样！

代表颜色的基因和代表光滑程度的基因进行排列组合，产生了新的特点，在不同豌豆的身上表现出来，这就是基因重组。

科学家通过人工方式让基因实现重组，为我们的生活提供帮助！

基因重组技术是改变基因的重要方式之一。

二叔，这是在做什么？

科学家正在利用基因重组技术制作人胰岛素。

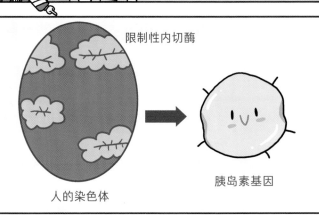

限制性内切酶

人的染色体

胰岛素基因

首先，科学家在限制性内切酶的帮助下，把胰岛素基因从人的 DNA 中分离出来。

在我们人体中只有胰岛素这一种激素有降血糖的作用，可帮助糖代谢，使血液中的血糖含量降低，因此在治疗中会为糖尿病患者注射胰岛素，从而有效控制病情。

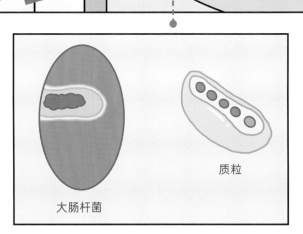

大肠杆菌

质粒

然后，从事先培养好的大肠杆菌中提取一个 DNA 质粒。质粒一般用来指在细胞核外的 DNA，具有自我复制的能力。

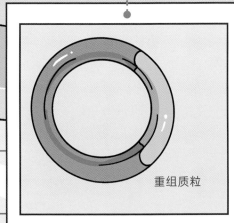

重组质粒

再用内切酶把提取的 DNA 质粒切开，并用 DNA 连接酶将人胰岛素基因和 DNA 质粒"缝合"在一起。

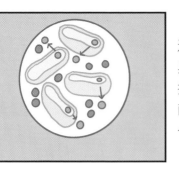

这个刚刚拼接好的 DNA 质粒就具有了胰岛素的基因。最后把拼接好的 DNA 质粒送回大肠杆菌培养液中。大肠杆菌会将这个新的 DNA 质粒吸收掉。

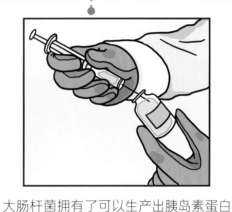

大肠杆菌拥有了可以生产出胰岛素蛋白质的 DNA 质粒，通过大肠杆菌的大量繁衍，更多的胰岛素被生产出来。

中国科技

1998 年，我国已经成功研制出基因重组人胰岛素，成为世界上第三个掌握这项技术的国家。

基因重组人胰岛素

中国有了基因重组技术生产人胰岛素，再也不用使用动物胰岛素和进口胰岛素了，大大减轻了糖尿病患者的经济负担。

这里垃圾太多，要想办法收拾一下。

别着急，看我的！

超级细菌小人

这些是什么东西啊？

它们是我用转基因技术培育的超级细菌！

你们都别和我抢！

转基因是将期望的目标基因经过人工分离、重组后，导入并整合到生物体的基因组中，从而改善生物原有的性状或赋予其新的优良性状。

基因小人乙

基因小人丙

经过转基因改造的普通细菌，会变成可以吞噬垃圾和有害物质的超级细菌。

装毒药的瓶子可太好吃了!

汞、镉这些重金属才是"美食"!

超级细菌可以吞食、转化汞、镉等重金属，

还能分解杀虫剂等有毒物质。

这么快就清理干净了，这也太神奇了吧!

普通细菌能分解石油的有机物，一般情况下，一种细菌只能分解一种有机物，超级细菌能够同时分解石油中的四种有机物，从而有效地解决石油污染问题。

转基因技术在我们的生活中也很常见!

09 转基因荧光鱼

二叔，快看！这些鱼是发光的！

这是斑马鱼，它们一开始是用来检测水质的"科研鱼"！

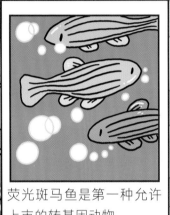

荧光斑马鱼是第一种允许上市的转基因动物。

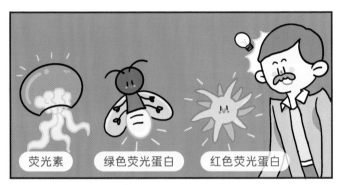

荧光素　绿色荧光蛋白　红色荧光蛋白

世界上有很多可以发光的生物，萤火虫发光是体内的荧光素氧化导致的，水母发光是因为体内有发光蛋白，珊瑚虫的发光原理和水母类似，不过，它发出的是红色荧光。

绿色荧光蛋白的基因

红色荧光蛋白的基因

斑马鱼

＋

紫外线

绿光斑马鱼

红光斑马鱼

斑马鱼被分别转入了水母绿色荧光蛋白或珊瑚虫红色荧光蛋白的基因，在紫外线照射下，能够发出绿光或红光。

好处

就是这种绿色蛋白（GFP）让水母发光的！这种水母可以用作水质检测。

坏处

科学家把荧光基因植入斑马鱼体内，斑马鱼就变成荧光绿色的了！它们会同其他正常斑马鱼杂交，影响生物系统的稳定。

中国科技

华裔科学家钱永健在前人的基础上，使荧光蛋白出现了更多色彩。因此，他成为 2008 年的诺贝尔化学奖获得者之一。这些斑斓的色彩让科学家能够更清晰地了解细胞之间如何传递信息，以及基因的成长过程。

二叔，平时好像很少看到蓝色的玫瑰花，它好漂亮！

蓝色玫瑰花能够呈现这样的颜色，依靠的也是转基因技术。

三色堇

提取

F3'5'H

F3'5'H 小人

鸢尾

DFR

DFR 基因小人

科学家先后分别找到了来自三色堇和鸢尾的两个基因。

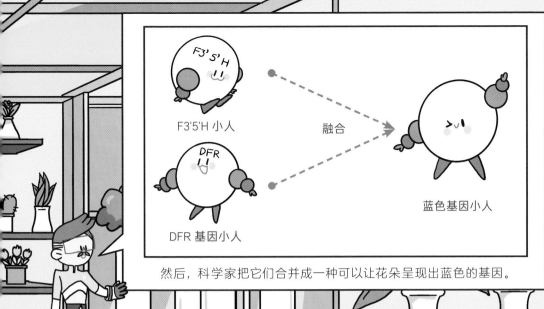

然后，科学家把它们合并成一种可以让花朵呈现出蓝色的基因。

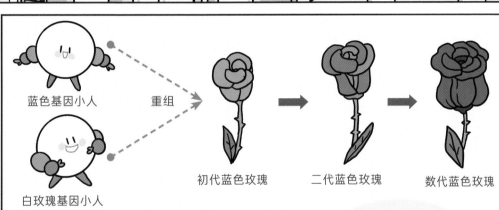

再用它来和白玫瑰本身的基因进行重新组合，经过数代的培育，就可以获得显色稳定的蓝色玫瑰了。

哇，白玫瑰"变"成蓝色的了！

中国科技

2018 年，中国科学院研究员陈义华和天津大学教授张雁合作，将细菌中的蓝色色素成功表达在白色玫瑰花瓣中，使其呈现出蓝色，在这一领域做出突破性贡献。

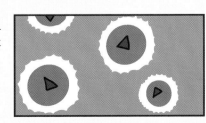

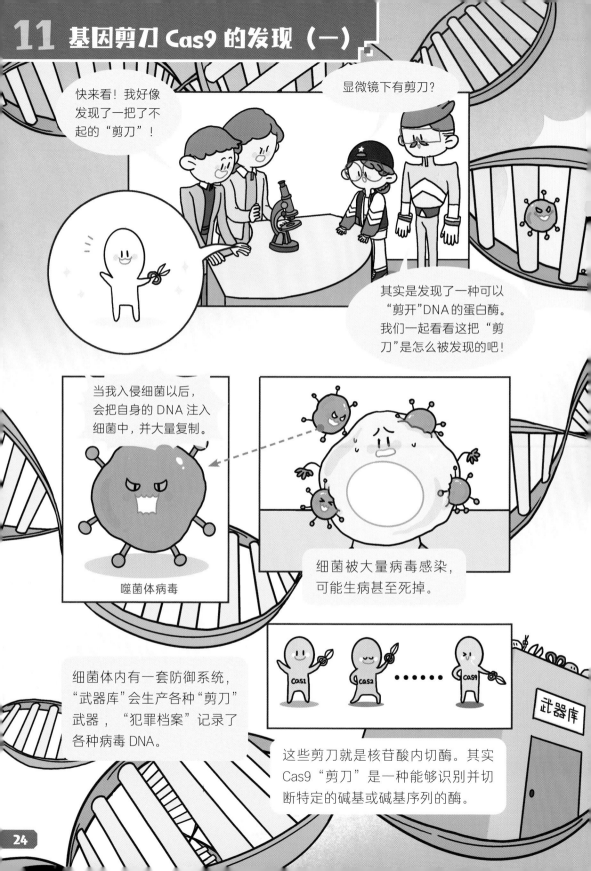

快来看！我好像发现了一把了不起的"剪刀"！

显微镜下有剪刀？

其实是发现了一种可以"剪开"DNA的蛋白酶。我们一起看看这把"剪刀"是怎么被发现的吧！

当我入侵细菌以后，会把自身的 DNA 注入细菌中，并大量复制。

噬菌体病毒

细菌被大量病毒感染，可能生病甚至死掉。

细菌体内有一套防御系统，"武器库"会生产各种"剪刀"武器，"犯罪档案"记录了各种病毒 DNA。

Cas1 Cas2 ······ Cas9

武器库

这些剪刀就是核苷酸内切酶。其实 Cas9 "剪刀"是一种能够识别并切断特定的碱基或碱基序列的酶。

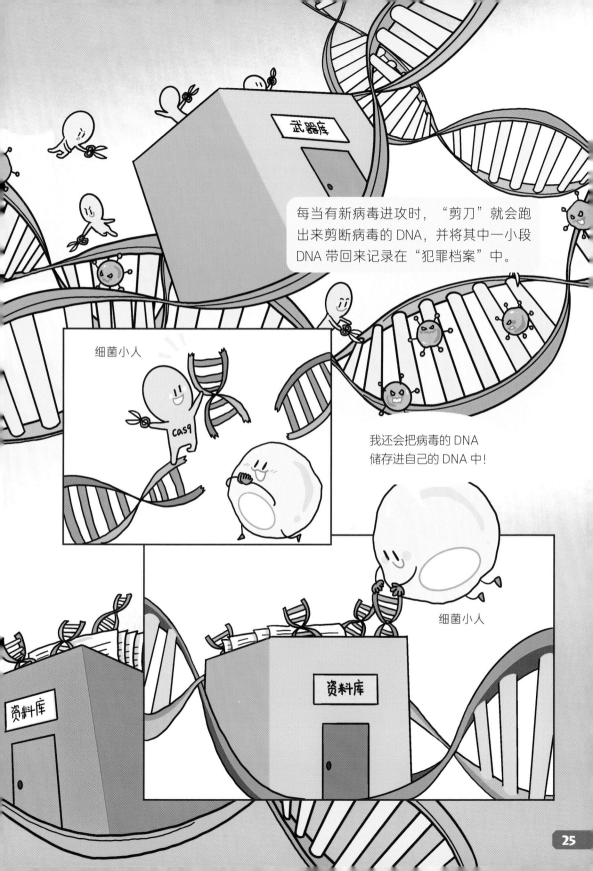

每当有新病毒进攻时，"剪刀"就会跑出来剪断病毒的 DNA，并将其中一小段 DNA 带回来记录在"犯罪档案"中。

细菌小人

我还会把病毒的 DNA 储存进自己的 DNA 中！

细菌小人

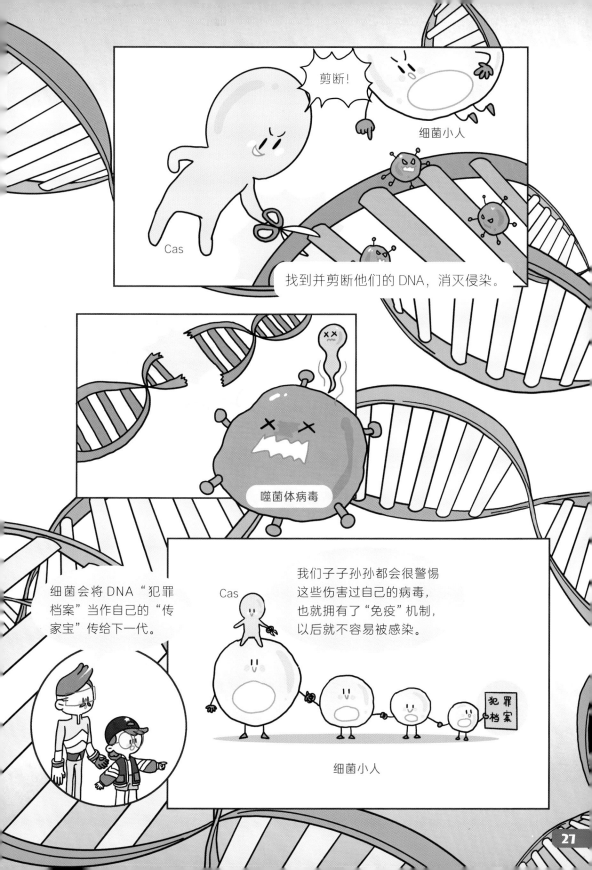

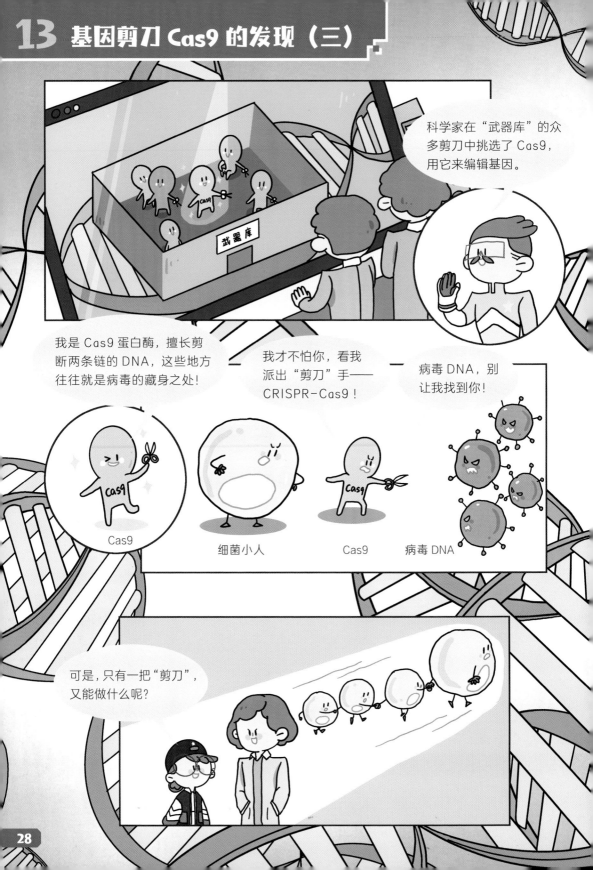

科学家在"武器库"的众多剪刀中挑选了 Cas9，用它来编辑基因。

武器库

我是 Cas9 蛋白酶，擅长剪断两条链的 DNA，这些地方往往就是病毒的藏身之处！

我才不怕你，看我派出"剪刀"手——CRISPR-Cas9！

病毒 DNA，别让我找到你！

Cas9

细菌小人

Cas9

病毒 DNA

可是，只有一把"剪刀"，又能做什么呢？

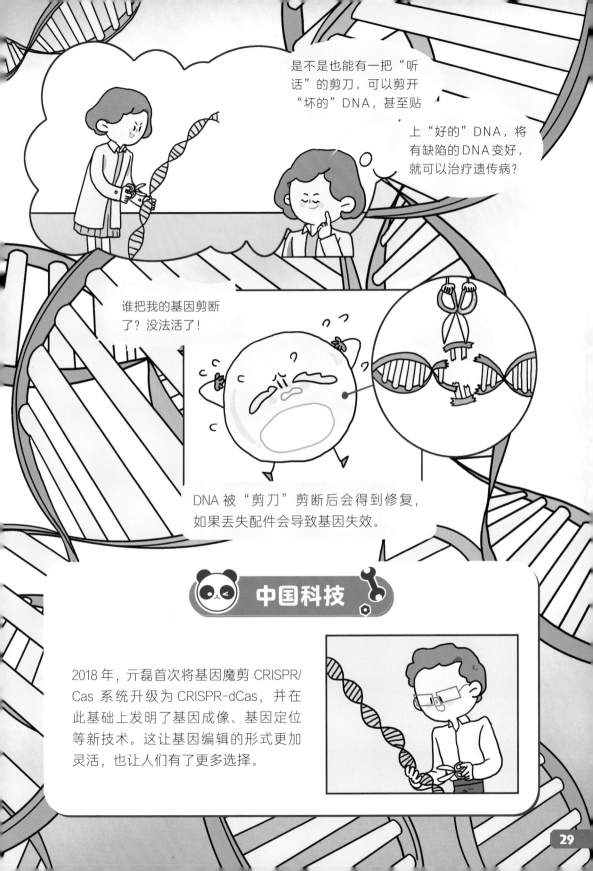

是不是也能有一把"听话"的剪刀，可以剪开"坏的"DNA，甚至贴上"好的"DNA，将有缺陷的DNA变好，就可以治疗遗传病？

谁把我的基因剪断了？没法活了！

DNA被"剪刀"剪断后会得到修复，如果丢失配件会导致基因失效。

中国科技

2018 年，亓磊首次将基因魔剪 CRISPR/Cas 系统升级为 CRISPR-dCas，并在此基础上发明了基因成像、基因定位等新技术。这让基因编辑的形式更加灵活，也让人们有了更多选择。

可以通过基因编辑技术治疗遗传病！

二叔，基因编辑是什么？

基因编辑是一种对目标基因进行"改良"的技术，也是一种改变基因的重要方式。

细菌小人

基因编辑因其能够高效率地进行定点基因组编辑，在基因研究、基因治疗和遗传改良等方面展示出了巨大的潜力。

科学家们先制作好引导 RNA。

引导 RNA 小人

万能剪刀 Cas9

引导 RNA 的一部分是可以与目标 DNA 序列相"契合"的匹配序列。

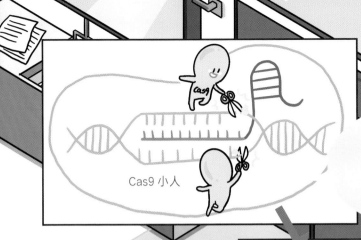

引导 RNA 会带着我，在细胞中找到与引导 RNA 自身"契合"的 DNA 序列，我会迅速剪下这部分 DNA 序列。

最后，再将正确的基因接入，就可以了！

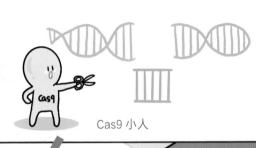

别担心，细胞的自动修复功能很棒，可以帮助 DNA 重新修复。

中国科技

2013 年，华裔生物学家张锋首次将 CRISPR-Cas9 基因编辑技术改进，并应用于哺乳动物和人类细胞。这让通过改变基因治疗人类先天的基因疾病成为可能。

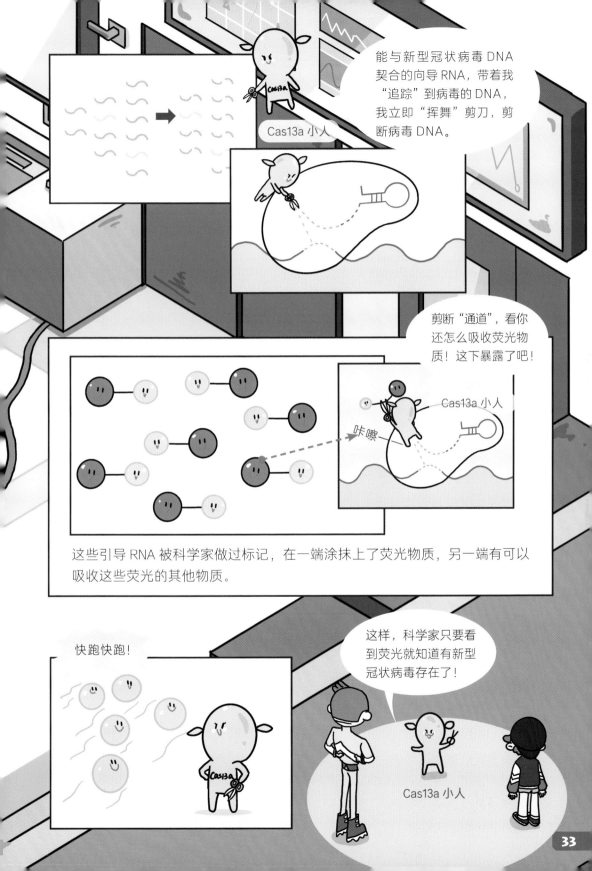

能与新型冠状病毒 DNA 契合的向导 RNA，带着我"追踪"到病毒的 DNA，我立即"挥舞"剪刀，剪断病毒 DNA。

Cas13a 小人

剪断"通道"，看你还怎么吸收荧光物质！这下暴露了吧！

Cas13a 小人

咔嚓

这些引导 RNA 被科学家做过标记，在一端涂抹上了荧光物质，另一端有可以吸收这些荧光的其他物质。

快跑快跑！

这样，科学家只要看到荧光就知道有新型冠状病毒存在了！

Cas13a 小人

不好了，这块田的小麦被小鸟吃了很多！

你看我这块田的小麦就很好，因为麦芒很长小鸟没办法吃到麦粒！

我是长芒大麦，小鸟和害虫都怕我，不敢来吃我。

为啥我就变短了呢？

以前没有被人类种植的时候，麦芒可以粘在动物皮毛上，使得我的种子传播到更远的地方。

中国科技

我国成功构建了水稻、玉米、小麦等基因编辑系统，突破性研发出了Cas-12i、Cas12j这两项新型编辑工具，提升了基因编辑技术的核心竞争力。

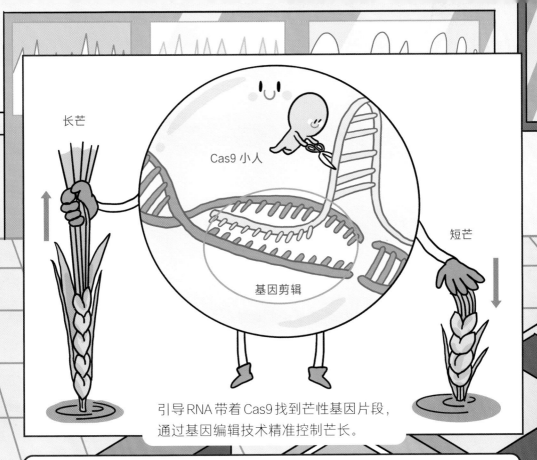

长芒

Cas9 小人

基因剪辑

短芒

引导RNA带着Cas9找到芒性基因片段，通过基因编辑技术精准控制芒长。

为了让小麦产量更高，科学家利用基因编辑技术为小麦提高了抗病性（如抗白粉病），解决了麦穗发芽问题，还培育出了新品种，让小麦华丽转身。

大部分基因缺陷对人类是无任何影响的，且大部分没有有效治疗办法，比如常见的先天性耳聋。

部分基因缺陷却比较严重，甚至可致残或者致死，比如严重影响代谢的基因缺陷。

药物治疗

基因编辑

用基因编辑的方法治疗基因缺陷导致的疾病，不仅能减轻病人痛苦，甚至可以根治疾病！

1. 取得血液或骨髓

采集血液或骨髓，提取有先天性缺陷的细胞。

2. 基因编辑

发现突变基因　　　用基因剪刀"剪下"突变基因　　　"粘"上正确基因

在先天不足的细胞中寻找有问题的基因片段——
"剪下"有问题的基因——"粘"上正确的基因。

以上就是通过基因编辑技术为基因有缺陷的病人进行治疗的全过程啦！

这也太神奇了，基因编辑还有其他用途吗？

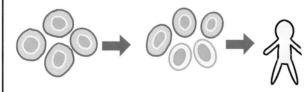

3. 品管测试和 DNA 定序　　4. 放回病人体内

经过治疗的基因，被放回体内。

基因编辑技术还可以让水稻出生时自带"杀虫剂",再也不怕水稻病毒啦!

这是怎么做到的?

长不高

爱生病

在以往的水稻种植中,产量高和抵抗力强是两种很难同时获得的优点!

中国科技

2017 年,何祖华研究团队发现一对相互拮抗的免疫受体 PigmR 和 PigmS,其能在保证广谱抗稻瘟病的同时,降低过度免疫对产量的负面影响。

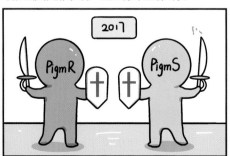

2018 年,陈学伟团队发现控制水稻理想株型的关键蛋白 IPA1,打破了单个基因不可能同时实现增产和抗病的传统认知。

"免疫力"变强了，可是消耗了太多营养，我长不高！

科学家研究发现，一个名叫 ROD1 的家伙，通过控制着水稻体内的物质——ROS，影响水稻的"免疫力"。

这下长得高了，但"免疫力"下降了！

病毒很"狡猾"，通过"伪装"成 ROD1，控制 ROS，降低水稻的"免疫力"，企图感染水稻。

2021 年，何祖华研究团队发现水稻钙离子新感受子 ROD1 精细调控水稻免疫，平衡水稻抗病性与生殖生长和产量性状的分子机制。

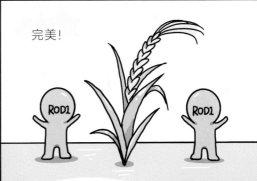

完美！

如果通过基因编辑技术控制 ROD1，让植物的抵抗力不要太强，生长能力也不要太弱，怎么样？

二叔,这个西红柿怎么是辣的?

哈哈哈,这可是我用基因编辑技术新研发出来的辣味西红柿!

啊——

辣椒让人感觉"辣"的原因,是辣椒体内含有辣椒素。

辣椒素是辣椒在进化过程中出现的一种防御措施。辣椒素的辛辣其实不是味道,而是一种刺激性疼痛。它们刺激舌头中的神经细胞,大脑将其理解为灼烧感。

辣椒和西红柿原本就是"近亲"，西红柿中也有辣椒素，只是和辣味素相关的基因在西红柿中都被"关闭"了！

只需调整番茄中的 PAL、KAS、COMT、FaTA 四个基因，启动 BC-AT、CS 两个基因，番茄中让人感觉"辣"的基因就会被"释放"。

虽然直接种植辣椒也可以得到辣椒素，但借助辣味西红柿可以更大量、更高效、更廉价地生产辣椒素。

希望以后有更多味道"特别"的水果和蔬菜！

懂懂鸭
知识问答

问题 1: 基因会影响智商吗?

回答: 英国科学家在《自然·神经学》杂志上, 首次确认人脑中与智商高度联系的基因簇 M1 和 M3。每个基因簇由几百个基因组成, 共同影响人类的记忆力、注意力、推理能力和认知能力等与智商相关的因素。

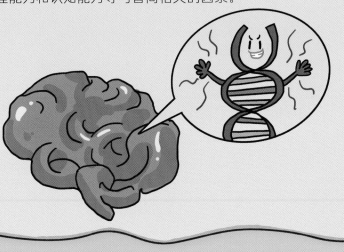

问题 2: 遇到危险时, 蝌蚪断尾是自愿的吗?

回答: 科学家研究发现, 蝌蚪在生长的过程中, 细胞是被严格计算好的"程序"。当危险来临时,"程序"启动, 蝌蚪尾巴上的一些细胞就会在指定时间内死亡, 从而达到断尾求生的目的。大树在秋天落叶, 也是类似原理。

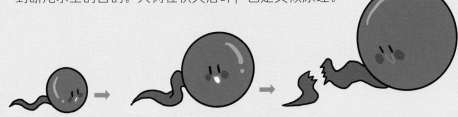

问题 3：为什么会有白色的老虎？

回答：我们平时在动物园里看到的老虎，大多有橘色和黑色相间的斑纹，但在极特殊的情况下，也会有白老虎出生，但这只有万分之一的概率。仔细观察可以发现，白老虎的额头、脸颊和颈部有淡黄色斑纹，身上的黑色斑纹也还在，这说明老虎基因突变成白老虎的同时，还保留了普通老虎的部分基因。

问题 4：人类基因组计划是什么？

回答：人类基因组计划与曼哈顿原子弹计划和阿波罗登月计划并称为三大科学计划！该计划于 1990 年正式启动，包括中国在内的六国科学家为人类基因组测序，绘制人类基因图谱，破译人类的遗传"密码"。该项目已于 2006 年完成。

问题 5：自然界中也有转基因现象吗？

回答：是的，自然界中的转基因现象很多，比如雌花和雄花授粉，农作物的杂交等。我们现代的农业科技，通过选择确定的基因，定向转移基因，让农作物更加高产、优质、耐病虫害等。

作者团队

懂懂鸭是飞乐鸟品牌旗下的儿童原创品牌，由国内多位资深童书编辑、插画师、科普作家协会成员组成，懂懂鸭专注儿童科普知识的创新表达等相关研究，坚持做中国个性的儿童原创科普图书，以中国优良传统美德和深厚的文化为核心，通过生动、有趣的原创插画，将晦涩难懂的科普百科知识用易读、易懂的方式呈现给少年儿童，为他们打开通往未知世界的大门。近几年自主研发一系列的童书作品，获得众多小读者的青睐，代表作有《国宝有话说》《好吃的中国》等，并有多个图书版权输出到日本、韩国以及欧美的多个国家和地区。

图书在版编目（CIP）数据

遗传基因 / 懂懂鸭著. --北京：电子工业出版社，2023.10

（奇迹中国：无所不在的中国科技）

ISBN 978-7-121-46446-1

Ⅰ.①遗…　Ⅱ.①懂…　Ⅲ.①遗传学—少儿读物　Ⅳ.①Q3-49

中国国家版本馆CIP数据核字（2023）第189632号

责任编辑：董子晔

印　　刷：北京缤索印刷有限公司

装　　订：北京缤索印刷有限公司

出版发行：电子工业出版社

　　　　　北京市海淀区万寿路173信箱　邮编：100036

开　　本：889×1194　1/16　印张：27.5　字数：511.5千字

版　　次：2023年10月第1版

印　　次：2023年10月第1次印刷

定　　价：200.00元（全10册）

凡所购买电子工业出版社图书有缺损问题，请向购买书店调换。若书店售缺，请与本社发行部联系，联系及邮购电话：（010）88254888，88258888。

质量投诉请发邮件至zlts@phei.com.cn，盗版侵权举报请发邮件至dbqq@phei.com.cn。

本书咨询联系方式：（010）88254161转1865，dongzy@phei.com.cn。

仿生机械

懂懂鸭 著

电子工业出版社

Publishing House of Electronics Industry

北京·BEIJING

推荐序

科技作为国之利器，是为中国制造业注入的一股活力，是打开未来之门的一把钥匙。这样听起来，科技好像离我们很遥远？其实，在家里和我们"聊天"的语音助手是科技，商店里用来结账的人脸支付是科技，为通信网络保驾护航的人造卫星也是科技……可以说科技无所不在。从小到大，我们身边的科技产品仿佛有魔力般改变着我们的生活，给我们带来了便捷、创造力和无数的乐趣。但是，你有没有想过这些神奇科技背后的秘密？

《奇迹中国 无所不在的中国科技》这套书通过十大主题的方式讲解了目前最热门的十大科技领域，用全新的漫画形式将复杂的科学原理转化成通俗易懂的故事，每一页都充满着创意和惊喜。比如，可以跟着纳米机器人进入人体内部一起"工作"，也可以看"生病"的量子计算机如何被治愈，还能去"未来动物园"看如何借助基因编辑复活灭绝动物……此外还有仿生机械、脑机接口、航天探测等主题，一个个鲜活的科技世界呈现在我们的面前。

同时，这套书也是我们国家科技发展的一次全面展示，配套的"中国科技"小栏目，不仅反映了我们中国人不断超越自我、超越梦想的伟大精神，也更清晰地呈现出中国科技的发展历程和未来趋势，从而让我们树立强国自信。不信你看，年轻的北斗卫星让中国成为全球第三个可以提供卫星导航系统服务的国家；全球首台人工神经机器人——神工一号，让中国实现了用意念控制瘫痪肢体做出动作反应的重大医疗突破……

因此，通过这套书你们会认识到，我们每个人都可以把对科技的兴趣和热爱转化为强大的力量，成为科技的先驱者，在未来的科技领域有所成就，为我们的国家贡献更多的力量。

让我们一起为中国的科技事业加油，为我们的未来加油！

胡垚

中国生物信息学会会员

参与江苏省"肿瘤早筛研究"项目

二叔，我们这是要去哪里啊？

仿生机械博物馆，你一定会喜欢的！

近日，大家期待已久的仿生机械博物馆正式营业，不少人天还没亮就出发去排队……

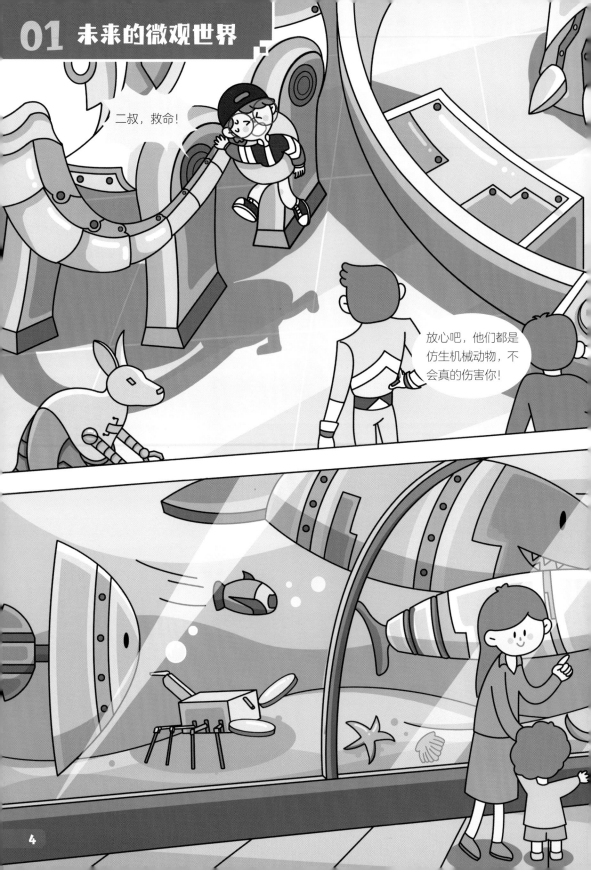

仿生机械狗

仿生机械狗? 和军犬有点像!

灵敏的嗅觉

矫健的四肢

在偏僻无人区以及环境严酷的地区，仿生机械狗可以从维修站快速赶往铁轨断裂处，使用搭载的高自由度机械臂对铁轨进行维修，工作人员在办公室就可以查看修理现场的情况。

仿生机械的用处很多，但罗马不是一天建成的！还记得那个画鸡蛋的达·芬奇吗？

仿生机械和达·芬奇还有关系？

达·芬奇通过研究鸟类翅膀骨骼的结构特点以及上下扇动的运动方式，设计了扑翼飞行器。

他设计的飞行器虽然飞不起来，但是给其他科学家带来了灵感！

英国的乔治·凯利爵士通过研究风筝和鸟，研发出了抛掷型滑翔机，也揭开了固定翼滑翔的历史。

这个滑翔机的翅膀和小鸟的很像！

德国一位名叫奥托·李林塔尔的工程师，不断研究滑翔机，制作出了不同种类的单翼滑翔机和双翼滑翔机，被誉为"德国滑翔机之王"。

第一次世界大战时，科学家根据鱼鳔的原理，发明了潜水艇！

声呐系统对同样运用声呐的生物会产生干扰，甚至威胁到它们的生存，必须谨慎使用！

当鱼想沉入水中时，就把鱼鳔内的空气排出并灌满水，鱼变重从而下沉。反之，排出鱼鳔中的水，鱼变轻从而上浮。潜水艇内部的大水箱就是它的"鱼鳔"。

蝙蝠、海豚和鲸都可以利用声波进行导航和定位，科学家据此发明了多种声呐系统，对于水下探测有很大帮助。

我们倒车时也会用到雷达系统！

如今，仿生机械发展飞速，在各个领域百花齐放！大自然真是最好的老师！

蝙蝠在黑夜中仍然能找到猎物，靠的就是超声波。第二次世界大战时，据此发明的雷达技术被用来远距离防御敌军战机。

如今，雷达技术在我们的生活领域中也有很多应用，比如用于汽车和手机的定位导航系统、天气预报等。

我们先来参观那些灵感来自动物的仿生机械吧！

这里真是太不可思议了！

动物仿生机械

仿生机械蜘蛛

这只仿生机械蜘蛛的腿部安装有高性能的伺服电机，可实现对位置和速度的精确控制，使其在极端路况下快速移动成为可能。

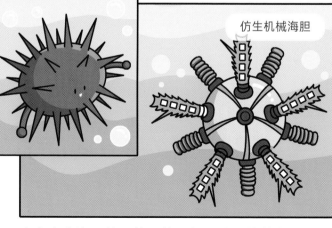

仿生机械海胆

参考真实海胆的柔软足管和坚硬的针状棘刺，科学家发明了仿生机械海胆。仿生机械海胆的体内有泵和控制器，在水中和陆地上都可以畅行无阻。

仿生机械蜻蜓

仿生机械蜻蜓能够在空中实现诸如悬停、后退、滑翔、俯冲等多种高难度动作，未来可用于灾害救援、军事侦察等。

中国科技

2019 年，我国自主研发的世界首款 AI 仿生宠物机器人火星猫 Marscat 问世。火星猫 Marscat 不仅还原了猫咪的各种动作，甚至还有自己独立的"想法"，你完全猜不到它下一步会做什么，简直和真猫咪一样。

仿生机械蛇在救援、考古、航天、军事等领域都发挥着作用！

仿生机械蛇

仿生机械蛇采用相邻刚体关节正交连接的结构进行搭建，每个关节均可独立受控驱动，实现了攀爬树木、水中游泳、翻越障碍等功能。

二叔，仿生机械章鱼太酷了！

对仿生机械章鱼的研究，会给其他软体机器人提供全新的思路！

仿生机械章鱼

与自然界中的章鱼一样，仿生机械章鱼的触手可以缠绕在物体上，也可以用触手上的吸盘吸附物体。不受空间大小以及目标物体的材料限制，仿生机械章鱼的触手通常都能灵活地完成抓取操作。

仿生机械袋鼠

仿生机械袋鼠的腿部安装有电子液压系统，能够提供不亚于或远超真实袋鼠的瞬时弹跳力。相比传统轮式运送平台，仿生机械袋鼠在崎岖地域或山地环境拥有更好的移动效率。

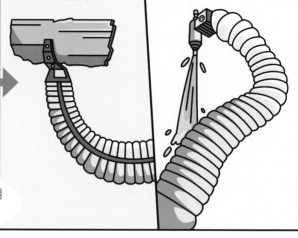

仿生机械象鼻

仿生机械象鼻主要应用在工业和航天领域！

仿生机械象鼻用柔性材料制作，非常灵活，不仅好操控，还很容易适应环境。

是未来执行信息传递或秘密侦察任务的好帮手。

仿生机械鸽子

仿生机械鸽子搭载高清图传系统、飞行控制系统和全球定位系统等，使得拍到的清晰图像或视频能够及时传送到己方工作人员手上。

 中国科技

2022 年，中国航天科工集团三院研发的仿生鲸鲨亮相。仿生鲸鲨拥有仿生蒙皮及水下定位功能，具备无线遥控、程控游动和自主游动等多种控制方式，是世界上首条成功投入使用的仿生鲸鲨。

仿生机械手臂

仿生机械手臂主要由碳纤维和铝材料制造而成，能够接收大脑神经的信号，带动传动系统。虽然是机械制作的假肢，也能按照人的心思行动。

人体仿生机械

机械臂，好酷！

是的，仿生科学家参考我们的身体结构，也有不少发明！

模拟人类视觉系统的工作原理，科学家还发明了仿生机械视觉系统。

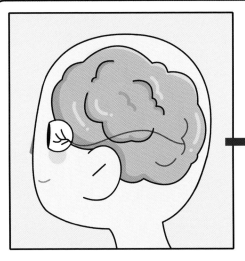

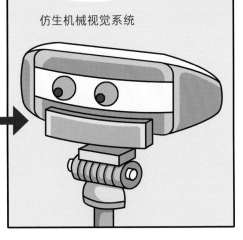

仿生机械视觉系统

科学家通过数学模型计算出人眼视觉控制神经系统的构造和机能，并在机器人技术和图像处理技术的辅助下，研发出了具备人眼感光准确、对焦迅速等优点的仿生双目视觉传感器。这一发明可能会帮助视觉障碍者看清周围的美丽世界。

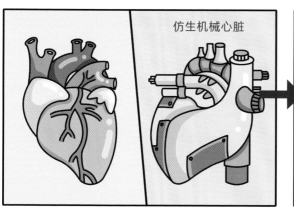

仿生机械心脏

仿生机械心脏也需要充电，充一次电可以使用八小时左右！

当仿生机械心脏接通电源后，会依靠供血泵推动全身血液循环，以达到部分或完全代替真实心脏的效果。

未来，仿生机械人甚至可以具备逻辑推理和决策分析能力！

仿生机械人

未来的仿生机械人，骨骼可能用 3D 打印水凝胶制成，既能支撑身体，又能随意弯曲。

此外，当仿生机械人与人类接触时，它还能根据人类的表情，判断出人类的情绪，从而做出相应的反馈。

中国科技

2020 年，我国研发的 TZR-CQD-S02 型双臂特种机器人已经投入一线工作中，可以代替工作人员快速测量温度、甄别车辆信息等，为人们的信息检测工作提供了强有力的支撑。

二叔，病人正在做手术，医生怎么只对着电子屏操作啊？

医生正在通过控制系统指挥病人肠道里的小虫机器人，为患者治疗！

仿生机械小虫

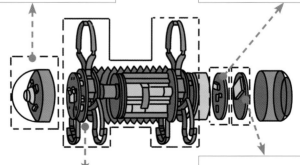

成像模块：代替医生看一看肠道内是什么样的！

无线功率接收模块：和医生交流信息的"传声筒"。

机械模块：相当于医生手中的"手术刀"。

控制电路模块：前进时，小机器人的位置、角度和速度等信息来自这里。

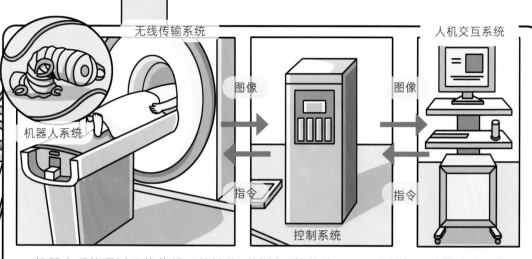

无线传输系统 人机交互系统

图像 图像

机器人系统

指令 指令

控制系统

机器人系统通过无线传输系统接收到控制系统的信号后，会将信号转换成底层每个机械关节的运动位置或角度指令，从而让机器人精确地执行特定的动作。

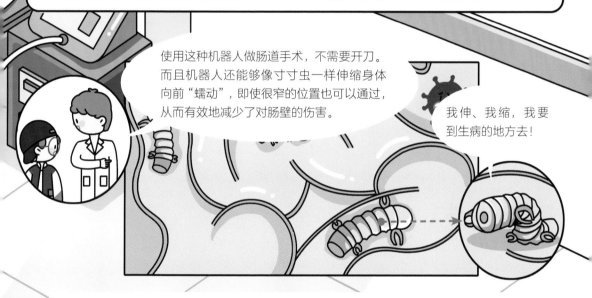

使用这种机器人做肠道手术，不需要开刀。而且机器人还能够像寸寸虫一样伸缩身体向前"蠕动"，即使很窄的位置也可以通过，从而有效地减少了对肠壁的伤害。

我伸、我缩，我要到生病的地方去！

中国科技

2021年，我国科学家受"藕断丝连"现象的启发，研发出了全新的手术缝合线。缝合线采用了仿莲丝细菌纤维素水凝胶纤维，强度和韧性都很好，且能够吸附消炎药物，让病人术后的伤口快速愈合。这是我国在医疗领域的重大发明。

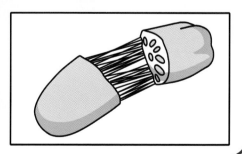

未来战场上也将有很多仿生机械！

我们去找一找！

仿生机械蝙蝠

仿生机械蝙蝠可以借助翅膀进行飞翔或行走。在雷达系统的辅助下，它可以准确地找到坍塌残骸中的伤员。

我们是情报搜集专家！我们携带的摄像头，能够将情报记录下来，传送给我方工作人员。

我可以把微型定位器粘在敌方指挥官的鞋子上，这样我们就能获取敌人的位置了！

仿生机械果蝇

仿生机械果蝇只有2厘米长，60毫克重，但是它的翅膀每秒可振动120次，行动迅速又灵活，很难被人察觉。

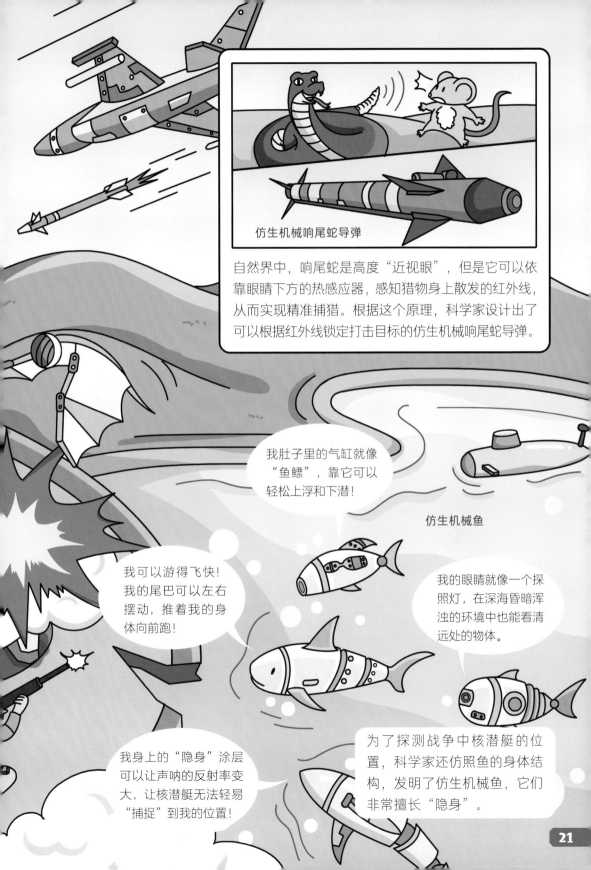

仿生机械响尾蛇导弹

自然界中，响尾蛇是高度"近视眼"，但是它可以靠眼睛下方的热感应器，感知猎物身上散发的红外线，从而实现精准捕猎。根据这个原理，科学家设计出了可以根据红外线锁定打击目标的仿生机械响尾蛇导弹。

我肚子里的气缸就像"鱼鳔"，靠它可以轻松上浮和下潜！

仿生机械鱼

我可以游得飞快！我的尾巴可以左右摆动，推着我的身体向前跑！

我的眼睛就像一个探照灯，在深海昏暗浑浊的环境中也能看清远处的物体。

我身上的"隐身"涂层可以让声呐的反射率变大，让核潜艇无法轻易"捕捉"到我的位置！

为了探测战争中核潜艇的位置，科学家还仿照鱼的身体结构，发明了仿生机械鱼，它们非常擅长"隐身"。

仿生机械鸟

有没有被我骗到？
我是一只仿照鲱鱼
银鸥设计的机械鸟！

仿生机械鸟的翅膀可以上下拍动，脑袋也很灵活，且拥有导航系统，可充当侦察机，发现藏匿的敌人，也可为作战的小分队提供通信支持。

这些机械战士
威力更大，却
不容易受伤！

危险，卧倒！

仿生机械狗身上安装有智能设备，可勘测地形并绘制战争地形图，这对于打赢一场战争至关重要。

二叔，农场里也有仿生机械吗？

看你手边的是什么！

仿生机械蜜蜂

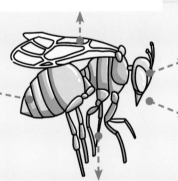

扑翼：模仿蜜蜂翅膀的高频率振动，可以实现各种高难度的飞行动作。

眼睛：配备高级的神经视觉系统，不仅能够在飞行的过程中躲避各种障碍物，还能实时观察周围的环境。

尾部：有太阳能板收集能量，还能收藏少量的针剂药物。

嘴部：安装了简单的机械机构，能够夹持一些较轻的物体。

足部：高度还原，灵活敏捷。

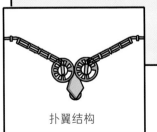

扑翼结构

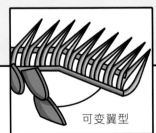

可变翼型

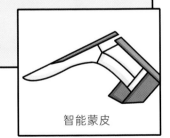

智能蒙皮

仿生机械蜜蜂可以保护庄稼不被害虫破坏。

坏蛋，又破坏庄稼！

仿生机械蜜蜂

别怕，上点儿药就好了！

仿生机械蜜蜂还可以给植物"打针"，预防多种疾病。

花粉投送完毕，果实快长出来！

有些作物授粉比较困难，仿生机械蜜蜂可以代替风和其他昆虫，帮助作物授粉。

中国科技

2022 年，50 公斤级的四足仿生机器人 panda5 正式亮相。它奔跑跳跃自如，融合了机械、电子、计算机等多学科技术，为我国仿生机械在未来几年的应用打下了基础。

二叔，咱们一起去帮忙捡蛋吧？

哈哈，我觉得交给仿生机器人会更好！人类和鸭子接触更容易让鸭子感染疾病。

嘀——健康！

仿生机器人在捡蛋时，眼睛会探测蛋的温度，确保蛋的健康。

糟糕，这只鸡得了禽流感，要赶快隔离！

仿生机器人利用红外热传感器自动检查每只鸡的体温，结合鸡外观的变化发现病鸡，并判断患病类型，发出警报。

中国科技

2020 年，我国拥有完全自主产权的仿生人形机器人研发成功，包含了百余项核心知识产权，是世界范围内唯一可量产的仿生人形机器人。

这里刚刚经历过地震！

我们去看看有没有伤员！

仿生机械蠕虫

科学家参照蠕虫的前进特点，给救援机器人设计了旋转式"脊柱"，方便搜救！

报告！发现一名伤员，请速来救助！

仿生机械蠕虫

仿生机械蠕虫

中国科技

2022 年，我国科学家团队在自然界星鼻鼹鼠"触嗅融合"感知的启发下，结合多模态机器学习算法，构建了仿星鼻鼹鼠触嗅一体智能机械手。这只手不仅能摸还能闻，只需要通过触摸就可以判断被救人员周围的环境情况，从而判断出被救人员的具体位置，方便后续救援。

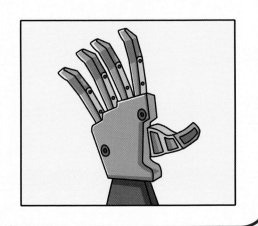

仿生机械蟑螂

蟑螂的爬行速度很快，而且平衡能力超强，科学家因此设计了仿生机械蟑螂！

仿生机械蟑螂

仿生机械蟑螂可以像真蟑螂一样"无孔不入"，且行动迅速，能在狭小、危险的空间收集到足够细致、准确的信息，传递给救援人员！

快看！那是什么？

仿生机械蠕虫的身体有很多关节，可以"蠕动"向前。即使是直立的管道，也可以自由"蠕动"爬行！

仿生机械蠕虫的头部和尾巴上佩戴的传感器和摄像头，可以帮助救援人员获取搜救信息。

仿生机械蠕虫

在航天探测中，也有很多仿生机械！

航天器在没有任何参照物的情况下还能不迷路，是因为科学家参考果蝇的楫翅发明了陀螺仪！

果蝇在自然环境下很少迷路，它们会自动调节，找到正确的飞行方向。

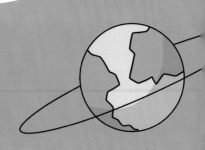

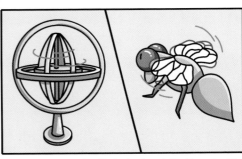

飞行中，果蝇的楫翅振动很快。如果它的身体倾斜或者"偏航"，楫翅的振动就会发生异常，果蝇就会改变飞行姿势或方向。参照这个原理，科学家发明了自动纠正偏航的陀螺仪。

为了解决太空中昼夜温差对卫星的影响，科学家们从蝴蝶鳞片上找到了灵感！

卫星的太阳能板和蝴蝶鳞片的形状真的很像！

蝴蝶身上有很多紧密排列的鳞片，光线强烈时，这些鳞片会像镜子一样把光反射出去。

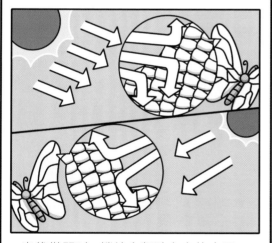

光线微弱时，鳞片会紧贴在身体表面，尽量多地吸收阳光，保持温度稳定。

卫星在面向太阳时利用太阳能板反射阳光，背对太阳时利用太阳能板吸收阳光，这样就能适应冰火两重天的太空了！

中国科技

我国研发的一款新型连续体仿生机器人，刚柔并济的设计就像一只灵巧的手臂，未来有可能用于处理失效卫星和太空碎片。

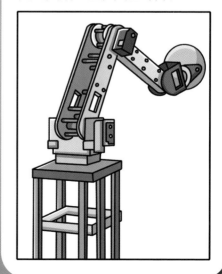

畅畅，你知道航天服的灵感来源吗？

难道也和某种动物有关？

没错！航天服又叫"抗荷服"！灵感来自长颈鹿！

科学家观察到，脖子很长的长颈鹿在低头喝水时，血液没有突然大量流向脑部，原因在于长颈鹿紧绷的皮肤包裹住了血管，控制了血液的流量。

参考长颈鹿紧绷的皮肤，科学家在航天服中安装了一些阀门。

航天员可以根据自己的身体状况，打开阀门，为航天服充入气体。航天服中的气体会给航天员的血管提供一定的压力，帮助航天员在失重情况下，保持血压平稳。

很多飞行员也会穿抗荷服！

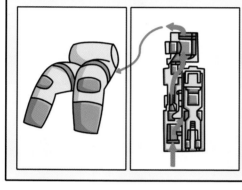

飞行员在担任飞行任务时，身体承受过度的载荷，容易引发黑视和呕吐。尤其是战斗机飞行员，在做一些比较大的动作时，如果身体状况不好，会影响其判断力。

现在，科学家在普通抗荷服的基础上，研发出了充液式抗荷服，它在控制人体血压的同时，还能平衡人的体温和吸收汗液！

如果这种航天服能够研发成功，航天员们应该会舒服很多！

中国科技

2021 年，中国科学技术团队受天然珍珠母"砖—泥"层状结构的启发，研制出一种新型航天器外层防护材料——聚酰亚胺—纳米云母复合膜。这种材料可以提升航天器对太空辐射以及太空碎片的防护能力。

二叔，快看！这辆汽车的正面好像熊猫的脸！还有"黑眼圈"呢！

是不是有种憨厚的感觉！还有很多汽车的设计创意来自动物，哈哈！这是最简单的仿生了，我们继续往下看！

你知道鲨鱼如何呼吸吗？

用鳃！

海洋中很多鱼类都是利用储存空气的鱼鳔控制身体沉浮的，而鲨鱼则不同，它们只有不停地游动，才能保持自己的身体不下沉。长时间的游动，让鲨鱼进化出了既能有效散热，又可以减少阻力的鱼鳃。

鲨鱼呼吸时从嘴巴吸入含有空气的水，再从两侧的腮排出，以减少水流的阻力。

这辆车就是从鲨鱼鳃中获得的灵感，可以透气散热、减少阻力！

你再看看这个天线像什么？

这好像鱼鳍啊！

没错！汽车上的天线是仿照鱼鳍的造型设计的！可以减少汽车表面的静电。

二叔，汽车里面也有仿生机械吗？

这辆车的内饰大多是由模仿植物根部结构设计的素皮革材料制成的。

鱼鳍天线不仅造型优美，阻力也更小。汽车行驶过程中车身表面会产生大量静电，这些静电"喜欢"跑到尖端再释放，鱼鳍的尖部正合适。

素皮革非常耐用，且可以在自然环境中降解，不会造成污染。

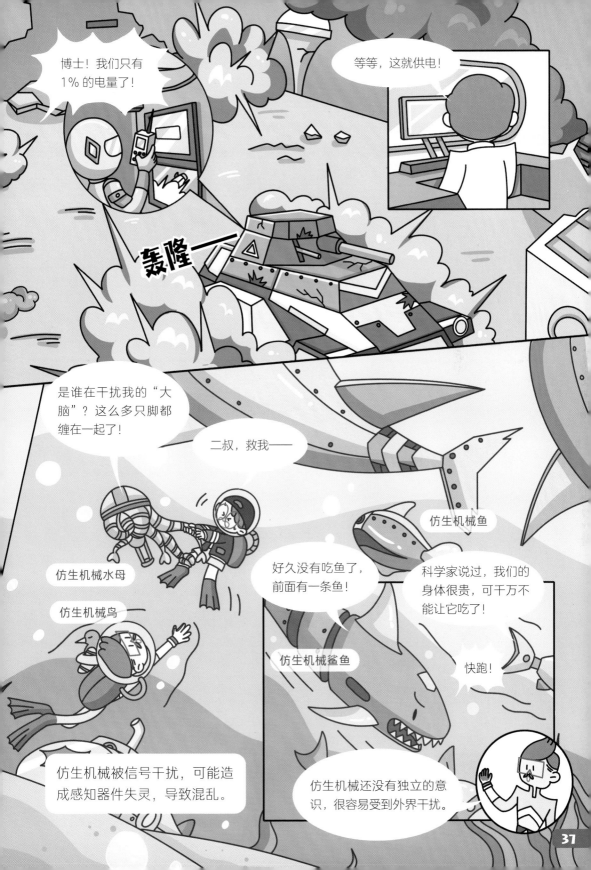

可以利用变形的身体进入堵塞的石油管道进行疏通。

仿生机械的用处还真大！

能帮助未来战士截取敌方的机械鸽，防止军事机密外泄。

还可帮助植物学家采集危险地带的标本，或者在野外帮助人类辨别方向，找到正确的路！

中国科技

2021 年，小米 Cyber 仿生机械狗问世，它能够听懂人的指令，还能够自动识别主人的活动方向，跟随在主人身后。机械狗体内的先进机芯，更是让它的速度最快可达 3.2 米 / 秒。

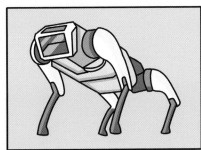

真是全能机械狗！

二叔

畅畅，看了这么多仿生机械，你觉得未来的仿生机械是怎么样的？

我很喜欢鹦鹉螺！所以，我希望未来能生活在参照鹦鹉螺形态建造的仿生机械城市里。

但我希望公园里有更多动物！如果只有各种冰冷的设备，一点儿都不好玩。

确实，如果加入机械动物，不仅可以让公园的氛围更热闹，还不用担心动物和人类起冲突，也不需要做清洁工作！

每个小螺中，都有不同的仿生机械生活在那里！即使是身体有障碍的小朋友，也可以在仿生机械的帮助下，和我们一起自由自在地玩耍！

嗯，还有仿生机器人，它们和人类一起生活在鹦鹉螺城市，帮助人类更便利地生活！

懂懂鸭
知识问答

问题1：有没有仿照植物制作的仿生机械？

回答：有的。人类从自然界的植物中，也获得了很多制造仿生机械的灵感。比如自行车的空心车架，就是受到了麦秆的启发，不仅使自行车骑起来轻便稳定，且强度很高，不易变形。搬动起来，也很轻松！

问题2：城市中的钢筋混凝土结构，灵感来自哪里？

回答：法国园艺师约瑟夫·莫尼哀在种花的过程中遇到一件头疼的事情——常常不小心打碎花盆。有一次，他在收拾摔在地上的植物和花土时发现，土壤虽然松散，却被植物交叉延伸的根须黏结在了一起。由此，他建造了类似结构的花池。后来这个灵感被应用在了钢筋混凝土结构中。

问题 3: 猪鼻子与防毒面具有什么关系？

回答：第二次世界大战中，由于使用了毒气作战，很多人和动物都死去了。但是士兵在打扫战场时却看到猪还活着。这些猪把鼻子塞进泥土中，泥土过滤掉了毒气，从而得以幸存。后来，人们仿照猪鼻子的造型设计发明了防毒面具，不过面具中填充的不是泥土，而是其他防毒材料。

问题 4: 世界上有仿生小朋友吗？

回答：有的。这款名字叫迭戈－圣的仿生机器人小朋友，是参照一个1岁左右的人类小朋友设计的。它不仅长得和人类小朋友很像，还能够微笑、皱眉、咬嘴唇甚至大哭，表达各种开心、生气、犹豫、悲伤等情绪。如果不仔细看，很难分辨出它是真的小朋友还是仿生小朋友！

问题 5: 人造皮肤会有知觉吗？

回答：科学家正在研制的人造皮肤将会有知觉。在科学家的研究中，人造皮肤是用3D打印技术制作的网格状水凝胶，其中安装了电容结构，这样的人造皮肤具有很高的传感能力，能够感到冷、热、痒、疼等。仿生皮肤的发明，为日后的人机交互和软体机器人研发，提供了更多的技术支撑。

作者团队

　　懂懂鸭是飞乐鸟品牌旗下的儿童原创品牌，由国内多位资深童书编辑、插画师、科普作家协会成员组成，懂懂鸭专注儿童科普知识的创新表达等相关研究，坚持做中国个性的儿童原创科普图书，以中国优良传统美德和深厚的文化为核心，通过生动、有趣的原创插画，将晦涩难懂的科普百科知识用易读、易懂的方式呈现给少年儿童，为他们打开通往未知世界的大门。近几年自主研发一系列的童书作品，获得众多小读者的青睐，代表作有《国宝有话说》《好吃的中国》等，并有多个图书版权输出到日本、韩国以及欧美的多个国家和地区。

图书在版编目（CIP）数据

仿生机械 / 懂懂鸭著. --北京：电子工业出版社，2023.10

（奇迹中国：无所不在的中国科技）

ISBN 978-7-121-46446-1

Ⅰ.①仿… Ⅱ.①懂… Ⅲ.①仿生机构学－少儿读物 Ⅳ.①TH112-49

中国国家版本馆CIP数据核字（2023）第189638号

责任编辑：董子晔

印　　刷：北京缤索印刷有限公司

装　　订：北京缤索印刷有限公司

出版发行：电子工业出版社

　　　　　北京市海淀区万寿路173信箱　邮编：100036

开　　本：889×1194　1/16　印张：27.5　字数：511.5千字

版　　次：2023年10月第1版

印　　次：2023年10月第1次印刷

定　　价：200.00元（全10册）

凡所购买电子工业出版社图书有缺损问题，请向购买书店调换。若书店售缺，请与本社发行部联系，联系及邮购电话：（010）88254888，88258888。

质量投诉请发邮件至zlts@phei.com.cn，盗版侵权举报请发邮件至dbqq@phei.com.cn。

本书咨询联系方式：（010）88254161转1865，dongzy@phei.com.cn。

奇迹中国
无所不在的中国科技

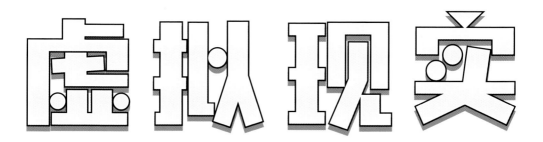

虚拟现实

懂懂鸭 著

电子工业出版社

Publishing House of Electronics Industry

北京·BEIJING

推荐序

科技作为国之利器，是为中国制造业注入的一股活力，是打开未来之门的一把钥匙。这样听起来，科技好像离我们很遥远？其实，在家里和我们"聊天"的语音助手是科技，商店里用来结账的人脸支付是科技，为通信网络保驾护航的人造卫星也是科技……可以说科技无所不在。从小到大，我们身边的科技产品仿佛有魔力般改变着我们的生活，给我们带来了便捷、创造力和无数的乐趣。但是，你有没有想过这些神奇科技背后的秘密？

《奇迹中国 无所不在的中国科技》这套书通过十大主题的方式讲解了目前最热门的十大科技领域，用全新的漫画形式将复杂的科学原理转化成通俗易懂的故事，每一页都充满着创意和惊喜。比如，可以跟着纳米机器人进入人体内部一起"工作"，也可以看"生病"的量子计算机如何被治愈，还能去"未来动物园"看如何借助基因编辑复活灭绝动物……此外还有仿生机械、脑机接口、航天探测等主题，一个个鲜活的科技世界呈现在我们的面前。

同时，这套书也是我们国家科技发展的一次全面展示，配套的"中国科技"小栏目，不仅反映了我们中国人不断超越自我、超越梦想的伟大精神，也更清晰地呈现出中国科技的发展历程和未来趋势，从而让我们树立强国自信。不信你看，年轻的北斗卫星让中国成为全球第三个可以提供卫星导航系统服务的国家；全球首台人工神经机器人——神工一号，让中国实现了用意念控制瘫痪肢体做出动作反应的重大医疗突破……

因此，通过这套书你们会认识到，我们每个人都可以把对科技的兴趣和热爱转化为强大的力量，成为科技的先驱者，在未来的科技领域有所成就，为我们的国家贡献更多的力量。

让我们一起为中国的科技事业加油，为我们的未来加油！

胡垚

中国生物信息学会会员

参与江苏省"肿瘤早筛研究"项目

畅畅来到实验室，发现二叔不在，只听到二叔让他戴上眼镜，结果他刚戴上眼镜就看到二叔开着赛车差点冲出赛道。

太刺激了!这副眼镜好神奇!

二叔,既然我跑赢了,你该告诉我到底什么是虚拟现实了吧?

虚拟现实是用计算机和其他交互设备生成的一个虚拟环境。在虚拟环境中,人可以和环境互动,并产生真实的感受。

交互设备指的就是人和机器能够互动的设备,可以分成输入设备和输出设备。

计算机主机

计算机显示器

鼠标

音响

键盘

输入设备

输出设备

明白了!就像我们刚才玩的赛车比赛,我真的能感觉到道路的颠簸,还有耳边"呼呼"吹过的风声!

没错！不过虚拟现实在一开始的时候，主要还是"看"的体验。

能不能发明一种让观察者沉浸并互动的环境呢？

"虚拟现实"的概念，最早是由美国科学家艾凡·萨瑟兰提出的。

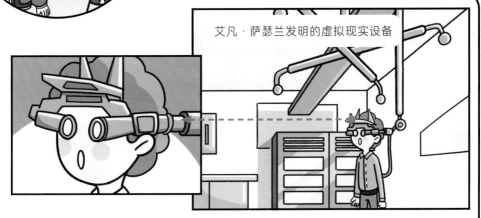

艾凡·萨瑟兰发明的虚拟现实设备

艾凡·萨瑟兰虽然提出了虚拟现实的概念，但因为发明的虚拟现实设备过于庞大，比一个普通人还要高，所以没能走出实验室。

Virtual Reality 这个英文组合现在翻译成虚拟现实。钱学森先生曾经想把虚拟现实的中文名定为"灵境"，非常具有中国的浪漫气息。

1984 年杰伦·拉尼尔创建了 VPL 公司，普及了虚拟现实的概念，并推出了第一款商业用途的虚拟现实设备——虚拟现实头戴显示器。

虚拟现实很会骗人，来看看它有哪些骗人的"小把戏"。

哇！好酷，我变成小海盗啦！

二叔，海边好美啊，当海盗可真不错！

虚拟现实通过画面和声音让人有真实的感受。

宝箱被海浪冲过来了，但是它好湿啊！还有一股海腥味儿。

我们甚至可以感受到虚拟物体的触感，闻到虚拟物体的味道。

二叔，刚刚的感觉就像真的一样，虚拟现实是怎么做到的？

你看，一个典型的虚拟现实装置一般由计算机、头盔显示器、触觉手套和力反馈装置等设备组成。

这些设备都有什么功能呢？

嗨！你好！

啊！救命！

头盔显示器：计算机生成的虚拟世界输入到头盔显示器中，可以形成立体影像空间。佩戴头盔显示器就可以看到这些虚拟世界的画面。

话筒：体验者的声音通过话筒传给计算机。

耳机：计算机生成的三维虚拟声音输入到耳机中，形成立体声，体验者就可以听到以假乱真的声音。

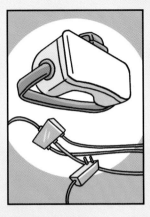

跟踪定位设备：看到画面后，体验者会发出声音或做出动作，计算机的跟踪设备通过语音识别系统和触觉手套接收这些信息。

跟踪设备会随时反馈使用者的动作，保证影像空间随人脑同步移动。

计算机：计算机根据收集到的图像、动作和声音等信息，向头盔显示器、触觉手套和力反馈装置发出反馈指令。

人体和计算机就是在信息的"你来我往"中实现人机交互的。

确实如此！不过这还只是一个典型虚拟现实系统的构成。科学家们发明了很多新装备，比如把计算机和头盔显示器合二为一的一体机。我们去看看！

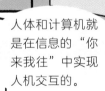

再试试这个饮料!

和真的可乐一样!

在 3D 打印的杯子底部安装气味桶和微型气泵,配合杯子边缘电机条发出的电子脉冲,可以模拟多种不同口味。

二叔,这不是触觉手套吗?

没错!我们来做个小实验。

有了触觉手套,我们不见面也可以握手!

二叔,我握到你的手了!

硅胶制成的触觉手套中,设计了微流体触觉反馈层压板和气流控制结构。这些设计能让穿戴者体验到触摸、压力和震动等。

有这么多种设备,我就可以在虚拟现实中看遍世间美景,品尝天下美食了!

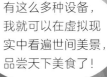

还要给你隆重介绍这个轻薄超声波换能器!这个设备能产生超声波,冲击我们的口腔内部,让我们的口腔、舌头和牙齿都有感觉。

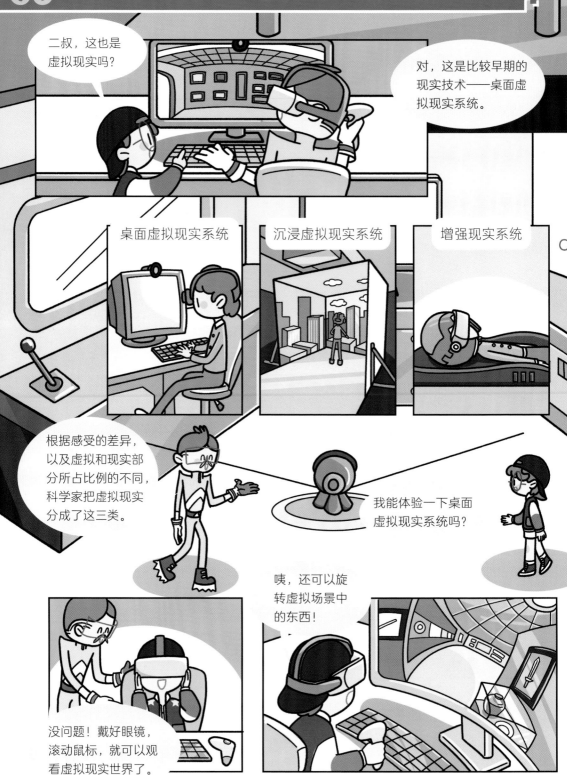

二叔，这样的虚拟现实场景是怎么做出来的呢？

虽然它看起来是一个全景，其实是用很多不同角度的照片拼成的。

首先，拍摄大量不同角度的细节图，并将它们拼在一起。

然后，用软件调整照片的形状来适应拼接，并统一调节亮度和色彩，一个全景场景就制作好了。

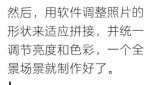

中国科技

2022 年，中国首套五面 LED-CAVE 沉浸式虚拟现实仿真平台面世，先进的定位跟踪系统可以精准捕捉人物的头部信息和手柄信息，创造出逼真的漫游环境，未来可以应用到企业培训以及危险环境实践中。

这得拍摄多少照片呀！

二叔，除了桌面虚拟现实系统，还有没有更先进一些的虚拟现实技术呢？

当然有！沉浸虚拟现实系统比桌面虚拟现实系统更加逼真，感受更加全面！

这里正在使用的就是沉浸虚拟现实系统！

投影机

投影机

音响

投影屏幕

投影机

投影屏幕

音响

投影机

投影屏幕

投影机

投影屏幕

中控主机

我们所在的房间，其实是一个由四块屏幕组合而成的空间，不同角度的投影仪把画面投放在不同的屏幕上。

畅畅，跟上！开启我们的沉浸虚拟现实之旅！

来啦！

沉浸虚拟环境的使用，需要先由工作人员戴上立体液晶眼镜，调控影像、声音等输出设备，体验者只要戴上眼镜，跟随工作人员参观就可以了。

顾名思义，沉浸虚拟现实技术可以让人忘记现实环境，完全投入虚拟世界中！

我好像看到海水在我脚边流过，海浪的声音就在耳边，海水的腥味我好像也闻到了！确实比电脑桌面上的虚拟现实更像真的！

中国科技

2021 年，北京理工大学"虚拟仿真思政课体验教学中心"正式落成，它是我国高校中首个实现思政课智能交互的沉浸式"虚拟仿真"学习平台。

镜片还具备一定的反射性，可将外部设备输入的虚拟世界反射到我们眼中。

真实世界中的物体和虚拟世界中的物体在我们的眼中叠加，互相补充，就实现了增强现实的立体效果！

原来是这样！虚拟现实这么有趣，生活中会有很多应用吧？

当然，我们一起去找找！

中国科技

我国的河图系统在物理世界和数字世界之间架起了一座桥，只需一张图片就可精确定位，生成立体世界。再结合 3D 渲染技术以及 5G 互联网，即让世界如同一幅精美的画卷展现在你面前。

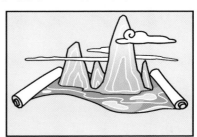

虚拟现实技术不仅有娱乐性的功能，还能运用在学习上。

同学们，让我们来学习遇到火灾时的自救方法。

知道啦！

首先戴上虚拟现实设备，感受真实的火灾场景，并迅速收集逃生物品。

其次，选择合适的逃生路线。

最后，学会正确使用灭火设备。

同学们，如果真的遇到火灾，你们知道该怎么办了吗？

学校可以通过虚拟现实模拟火灾场景，帮助孩子演习遇到火灾时如何自救。

通过虚拟现实演示未来的工作场景，有了这些经验，他们在实际工作中会更有信心！

二叔，这样上课真有趣！

虚拟现实训练计划

有螺丝松动！一定要拧紧，不然会出事故的！

学生还可以通过虚拟现实技术模拟轨道修理，寻找轨道中潜在的问题。

经过这样的训练，等驾驶真正的列车时就更熟练了！

虚拟现实模拟列车驾驶也是一种很好的训练方法，驾驶员能够在训练时掌握更多处理问题的技能，驾驶真正的列车时更安全。

经过几次尝试，这种结构应该是最牢固的！

用虚拟现实技术为工作人员培训，不需要实际场地和设备，能节约很多成本。

这种情况，我已经可以熟练应对！

一旦遇到紧急情况，工作人员不会过度惊慌，能够镇定引导旅客安全有序地离开。

二叔，这些哥哥姐姐正在练习"解剖"人体吗？

没错！有了虚拟现实技术，他们可以获得几乎和真实解剖一样的解剖体验。

在虚拟现实中进行试验，不仅能真实体验拆分人体的神经、血管，还能通过手柄切换不同角度，进行细致观察。

最后点击"复原"键，就能将"人体"恢复成最初的样子。

他们是在做手术吗?

是的,他们正在利用虚拟现实技术,对着"虚拟人体"进行手术训练。

只有考核及格,才能解锁更难的手术!

我手里的触控笔可以变成手术刀,也能变成注射器!

利用虚拟现实进行手术,可以面对"虚拟人体"反复训练,提升手术水平。

回放中

很多手术考核都是通过虚拟现实技术实现的,学生可以回看手术过程,总结经验教训。

中国科技

我国已经打造出了全球领先的 3D 虚拟人体模型库,并建立了在世界范围内领先的 3D 高清人体标本库及 3D 高清病理标本库,成为虚拟仿真在医学数字孪生领域的成功代表。

履带式挖掘机模拟训练

山地挖掘机模拟训练

指挥员叔叔，这些战士们都在虚拟现实世界中训练吗？

没错，虚拟现实是我们士兵训练的好帮手，它能模拟训练各项军事技能，更安全，也更方便、节约！

战斗机射击模拟训练

指导员叔叔，我和二叔也想体验一下！

好啊，你们先选择要训练的项目吧！

消防任务 ★★★★

警卫任务 ★★★ ✓

边防任务 ★★★★

哈哈！二叔，你不用这么小心吧！

小心！真正的罪犯就在你后面！

训练前，工作人员可以对训练项目进行编辑，模拟训练者即将遇到的情形。

虚拟现实世界里的手枪、子弹、车辆、犯罪分子都好真实啊！

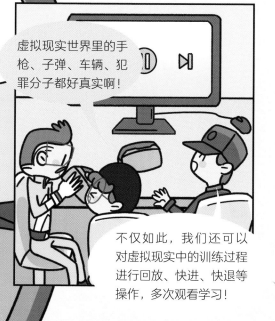

不仅如此，我们还可以对虚拟现实中的训练过程进行回放、快进、快退等操作，多次观看学习！

中国科技

我国研制的 C919 飞机全动模拟机系统填补了国产 C919 全动模拟机缺失的空白，研制中发现多处飞行仪表显示系统的设计缺陷，为 C919 飞机安全试飞立下功劳。

太空重力　地球重力

我们抓握及控制物品，与重力密切相关。但是，太空中重力变小，航天员拿东西的体验就会和在地球上很不一样。所以，为了更好地适应太空的失重环境，航天员需要提前进行相关训练。

为了不让航天员在太空中感觉孤独，虚拟现实技术可以模拟地球环境和他们的家人。

如果真的可以这样，航天员们在太空也会更安全！

科学家还希望未来能通过虚拟现实技术，把航天员遇到的情况同步给地面上的科学家，当问题解决后，再同步给航天员，这样沟通更高效，误差也更小。

糟糕！有一只小斑马正在被狮子追！

虚拟现实旅行也更安全一些，至少不会被野生动物"误伤"。

哈哈，那不是真的啦！

二叔，我到亚马孙热带雨林了，这里有很多我平时没有见过的动物！

畅畅，你这次环球旅行的成本几乎是零！

确实，箭毒蛙、火尾伶猴、黄胡蜥蜴、粉河豚都很稀有，就算实地探险，也不一定能看到！

中国科技

2022 年，中国首个文博虚拟宣推官"文天天"正式"入职"，她与十余位博物馆馆长连麦互动，解说镇馆之宝背后的故事。这也是我国首个虚拟人在人文旅游领域的广泛深入使用。

虚拟现实试衣系统屏幕上，还设置了打印和分享功能。一键点击，就能获取屏幕上的试衣照片，可自己保存或者分享给别人。

还可以在家使用手机选购！

使用手机，跟随图标指示，可到达店铺中的任何区域，也可以 360° 调整角度查看所有商品。

顾客可以在商品上方发布实时评论，还可以互动交流，综合评论信息做出自己的选择。

中国科技

2020 年，我国第一家支持全景虚拟现实视频上传的平台落成。该平台已经全面支持全景视频 4K 清晰度和全屏播放，拥有超过 6000 名全景视频内容创作者。

刚才我以为自己真的在过山车上！

其实是这些座椅在动！

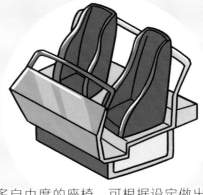

多自由度的座椅，可根据设定做出横摇、侧倾、移动、偏航、升降等动作。

虚拟现实过山车不受场地限制，而且非常安全！

这个头盔也很重要！

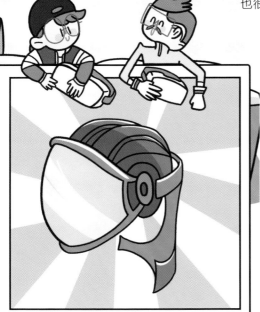

虚拟现实头盔能配合体验者的观感，播放相应的音乐效果，比如耳边的风声，以及过山车快速移动时的机械摩擦声等。

中国科技

中国首创的商用无限行走算法，打造了沉浸式 VR 虚拟空间。使用者可以直接走进虚拟世界，甚至体验失重的感觉。

二叔，我好想出去运动啊！可是没有小伙伴一起，场地也有人在用！

哈哈，二叔带你来一场虚拟现实世界的户外运动吧！

开始了，我要得分！

不管你想玩橄榄球、足球、篮球还是乒乓球，都不是问题！

二叔，这是做什么用的？

这是虚拟现实设备和运动器械结合的健身器，来试一试吧！

等我的帅气
"漂移"吧！

先来个滑雪！

98km/h

虚拟现实健身器可以随意切换滑雪、水下游泳等多种场景。

还可以和你的好朋友联机，两个人一起去太空遨游！

使用虚拟现实健身器，可以让人在不知不觉中消耗热量，刺激肌肉，完成健身运动。

 中国科技

我国研发的场馆仿真系统（VSS系统）名列奥运经济遗产分册中"科技冬奥"板块第三类首位，媒体转播团队借助VSS系统可以轻松方便地添加各种型号的转播设备、设定摆放位置，还可调整摄像机的焦距、视角等。

要提前采集面部表情的画面数据，当系统再次捕捉到使用者的类似表情时，就能判断出使用者表达的情绪，再发出对应的指令！

采集数据　　　　　　捕捉表情　　　　　　判断情绪

触发指令

生气

高兴

能够捕捉面部表情的虚拟现实技术，可以根据体验者的表情所表达出的情绪做出变化，和体验者进行互动，让体验更加真实有趣。

中国科技

引擎是虚拟现实应用系统中的核心部分，"无限 VR"是目前国内唯一一个真正意义上的虚拟现实引擎，可以帮助虚拟现实从业者更快、更好地制作出优质作品，积极推动中国虚拟现实行业的发展。

懂懂鸭
知识问答

问题 1：人眼是怎么看到东西的？

回答：每个人的眼睛中都有晶状体和角膜，二者一起发挥作用，像凸透镜一样把来自物体的光投射到视网膜上，形成具体的像。视网膜上的细胞感受到光就会发出信号，信号传递给大脑，我们就知道自己"看"到什么了。

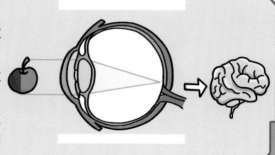

问题 2：虚拟食物真的存在吗？

回答：是的，目前有科学家已经在研究"虚拟棒棒糖"等食物了。"棒棒糖"内安装了虚拟电极和不同口味的汤匙，通过电极刺激，人体会有咀嚼食物的感受。这一发明可以帮助患有高血压、肠道疾病的病人及体重超标人群，尽享品尝美食的快乐。

问题 3：虚拟现实中，怎样感受到真实的触觉？

回答：科学家发明的"虚拟现实皮肤"中有一种很轻薄的弹性传动装置。把这一装置贴在皮肤上，就可以感受到皮肤的触觉，甚至能够让失去手臂的人再次体验与人彼此碰触的感觉。

问题 4：为什么体验虚拟现实游戏过山车时，并没有移动，仍然会感觉眩晕？

回答：在虚拟现实中体验过山车时，眼睛会根据看到的画面传递出你在快速移动的错觉。但人耳中的前庭系统可以判断出身体并未产生移动，这时两个信号产生冲突，人就会感觉眩晕。

问题 5：儿童使用虚拟现实设备，要注意哪些问题？

回答：儿童使用虚拟现实设备，有以下几点建议：

第一，孩子的年龄不要低于 13 岁；
第二，下载内容适合孩子的健康应用；
第三，确保时间不要过长；
第四，环境要保证安全。

作者团队

懂懂鸭是飞乐鸟品牌旗下的儿童原创品牌，由国内多位资深童书编辑、插画师、科普作家协会成员组成，懂懂鸭专注儿童科普知识的创新表达等相关研究，坚持做中国个性的儿童原创科普图书，以中国优良传统美德和深厚的文化为核心，通过生动、有趣的原创插画，将晦涩难懂的科普百科知识用易读、易懂的方式呈现给少年儿童，为他们打开通往未知世界的大门。近几年自主研发一系列的童书作品，获得众多小读者的青睐，代表作有《国宝有话说》《好吃的中国》等，并有多个图书版权输出到日本、韩国以及欧美的多个国家和地区。

图书在版编目（CIP）数据

虚拟现实/ 懂懂鸭著. --北京：电子工业出版社，2023.10

（奇迹中国：无所不在的中国科技）

ISBN 978-7-121-46446-1

Ⅰ.①虚… Ⅱ.①懂… Ⅲ.①虚拟现实—少儿读物 Ⅳ.①TP391.98-49

中国国家版本馆CIP数据核字（2023）第189633号

责任编辑：董子晔

印　　刷：北京缤索印刷有限公司

装　　订：北京缤索印刷有限公司

出版发行：电子工业出版社

　　　　　北京市海淀区万寿路173信箱　邮编：100036

开　　本：889×1194　1/16　印张：27.5　字数：511.5千字

版　　次：2023年10月第1版

印　　次：2023年10月第1次印刷

定　　价：200.00元（全10册）

凡所购买电子工业出版社图书有缺损问题，请向购买书店调换。若书店售缺，请与本社发行部联系，联系及邮购电话：（010）88254888，88258888。

质量投诉请发邮件至zlts@phei.com.cn，盗版侵权举报请发邮件至dbqq@phei.com.cn。

本书咨询联系方式：（010）88254161转1865，dongzy@phei.com.cn。

奇迹中国
无所不在的中国科技

未来能源

懂懂鸭 著

电子工业出版社
Publishing House of Electronics Industry
北京·BEIJING

推荐序

　　科技作为国之利器，是为中国制造业注入的一股活力，是打开未来之门的一把钥匙。这样听起来，科技好像离我们很遥远？其实，在家里和我们"聊天"的语音助手是科技，商店里用来结账的人脸支付是科技，为通信网络保驾护航的人造卫星也是科技……可以说科技无所不在。从小到大，我们身边的科技产品仿佛有魔力般改变着我们的生活，给我们带来了便捷、创造力和无数的乐趣。但是，你有没有想过这些神奇科技背后的秘密？

　　《奇迹中国 无所不在的中国科技》这套书通过十大主题的方式讲解了目前最热门的十大科技领域，用全新的漫画形式将复杂的科学原理转化成通俗易懂的故事，每一页都充满着创意和惊喜。比如，可以跟着纳米机器人进入人体内部一起"工作"，也可以看"生病"的量子计算机如何被治愈，还能去"未来动物园"看如何借助基因编辑复活灭绝动物……此外还有仿生机械、脑机接口、航天探测等主题，一个个鲜活的科技世界呈现在我们的面前。

　　同时，这套书也是我们国家科技发展的一次全面展示，配套的"中国科技"小栏目，不仅反映了我们中国人不断超越自我、超越梦想的伟大精神，也更清晰地呈现出中国科技的发展历程和未来趋势，从而让我们树立强国自信。不信你看，年轻的北斗卫星让中国成为全球第三个可以提供卫星导航系统服务的国家；全球首台人工神经机器人——神工一号，让中国实现了用意念控制瘫痪肢体做出动作反应的重大医疗突破……

　　因此，通过这套书你们会认识到，我们每个人都可以把对科技的兴趣和热爱转化为强大的力量，成为科技的先驱者，在未来的科技领域有所成就，为我们的国家贡献更多的力量。

　　让我们一起为中国的科技事业加油，为我们的未来加油！

胡垚

中国生物信息学会会员

参与江苏省"肿瘤早筛研究"项目

二叔发明了新设备，准备给畅畅好好展示一下，没想到独自闯进实验室的畅畅不小心触发了机关。

二叔收拾好实验室，准备和畅畅一起踏上神奇的旅程……

煤炭能源：蒸汽火车

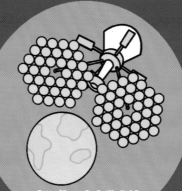

太阳能：太空发电站

水能：水力发电站

风能：旋转风车

二叔,能源到底是什么?

能源就是为我们提供能量的资源。它就像身体大量运动时,需要吃的食物一样!我们的衣、食、住、行都离不开能源!

在屋顶上安装的太阳能热水器，就把太阳能转化成了电能！

做饭时用的天然气也是一种能源！它是古生物的残骸在高温、高压环境下，与微生物作用，经过漫长的时间形成的。

汽车行驶所需的汽油，也是能源！

人类社会发展到现在，能源发挥了巨大的作用！

好想去看看这些厉害的能源啊！

加油站

煤炭加热锅炉中的水，产生水蒸气，水蒸气推动活塞，带动车轮旋转前进。

石油受热后，会产生不同的石油衍生物，可以应用在多个领域。

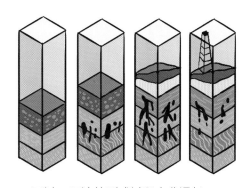

不过，石油的形成过程十分漫长，而且用完就没有了！

农民生火做饭使用的能源，其实属于生物质能。

生物质能：
一般指绿色植物通过光合作用把太阳能转化成化学能贮存在体内的能源。

生物质能？这种能源很好用吗？

生物质能属于清洁能源，但也有不足之处，秸秆燃烧后只有1/10左右的能量变成了热能，效率很低。

太阳辐射

过多燃烧煤炭、石油等传统能源会产生大量二氧化碳气体。大量的二氧化碳像一条厚棉被，包裹在地球表面。

部分太阳辐射被大气反射回太空。

部分太阳辐射被地球吸收。

地球中多余的热量不能散发出去，温度就会越来越高，形成温室效应。

受温室效应的影响，南北极冰川将逐渐融化，那里的动物会面临生存难题。温室效应还会让海平面升高，甚至引发海啸。

有些传统能源，如煤炭、石油等，在燃烧时还会产生含硫和氮的物质，这些物质与水相互作用，会产生酸雨。

二氧化硫　　氧气

一氧化氮　　氮气

二氧化碳

$SO_2+H_2O=H_2SO_3$
$2H_2SO_3+O_2=2H_2SO_4$

硫酸型酸雨

除了二氧化碳带来的温室效应，酸雨也会偶尔来搞破坏。

酸雨会腐蚀建筑物，让房屋外墙变色、失去光泽，甚至使水泥溶解，产生空洞和裂缝。它会让土壤营养流失，影响植物的生长。

我又回来啦！

科学研究发现，冰封在极地冰川中的致命病毒也可能重新出现，威胁人类的生命健康。

目前，还有很多企业也在减少碳排放，实行低碳生产。

企业一方面推进技术革新，争取用更少的传统能源生产同样的产品，从而减少碳排放；另一方面对排出的二氧化碳进行更有效的处理，例如封存和重复使用。

我也要尽一份力，该怎么做呢？

注意生活中的细节，你就是环保卫士！走吧，我们骑自行车去实验室。

随手关灯，避免浪费电能；绿色出行，使用自行车等"零排放"交通工具；控制洗澡时间，可以减少约一半的碳排放；不用的电子设备，用关机代替待机，可以减少约三分之一的碳排放。

二叔，刚刚我们去的那些地方都需要很多能源，这些能源虽然很有用，但危害也很大。

所以我们要寻找新的能源啊！比如太阳能，它属于清洁能源，而且是不会枯竭的！

那我们是怎么运用太阳能的呢？

首先我们在房屋顶部安装太阳能板，屋内需要有控制器、逆变器和蓄电池，这样就能运用最基本的太阳能了。

太阳能板：
太阳能发电最重要的部分，这里会把来自太阳的辐射变成电能。

控制器：
控制整个太阳能体系，保护蓄电池。

逆变器：
可以把电池板产生的电能，规范成日常家用电器能够"享用"的能源！

蓄电池：
太阳能电池板产生的电能会传输到这里"保存"起来，等到需要的时候，再把电能"放"出来！

除了家用电器使用，多余的电能还能够接入电网，输送到有需要的地方去。

太阳能不仅方便干净，还让很多偏远的地区也用上了电！

太阳能真方便，如果大家都用，会不会不够？

太阳照射地球一小时产生的能量，就可以满足全球整年的能源需求。只是这些太阳能还不能被我们完全利用！

中国科技

中国能建工程研究院牵头承担的国家重点研发计划"太阳能光热发电及热利用关键技术标准研究"，填补了多项行业空白，其中6项标准达到国际领先水平，2项标准达到国际先进水平。

热空气小人

我们空气小人有冷热之分：冷空气比较沉，总爱向下沉；热空气比较轻，喜欢向上飘。

我们冷空气小人下沉越来越多，被"挤"到了原来热空气小人所在的地方，空气一流动，风就产生了。

冷空气小人

和太阳能一样，风能也是一种清洁能源。

海边的风好大，仿佛每时每刻都有！那风能也可以一直有了！

风能也有它的缺点！

风能很丰富，而且很干净。风能受地域的影响很大，有的地区常年风力很小，就不太适合用风能发电。

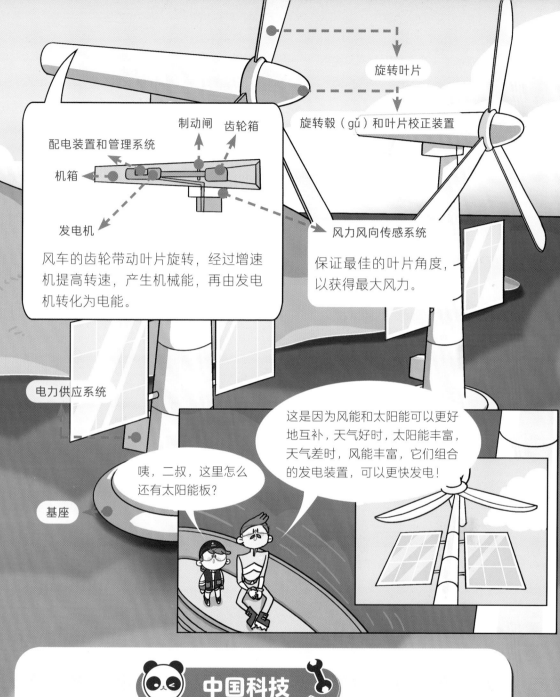

旋转叶片

旋转毂（gǔ）和叶片校正装置

制动闸　齿轮箱

配电装置和管理系统

机箱

发电机

风车的齿轮带动叶片旋转，经过增速机提高转速，产生机械能，再由发电机转化为电能。

风力风向传感系统

保证最佳的叶片角度，以获得最大风力。

电力供应系统

咦，二叔，这里怎么还有太阳能板？

这是因为风能和太阳能可以更好地互补，天气好时，太阳能丰富，天气差时，风能丰富，它们组合的发电装置，可以更快发电！

基座

中国科技

亚洲单机容量最大的海上风力发电机——12MW 海上半直驱永磁同步风力发电机，完成定子绝缘处理，标志着我国在海上风力发电机核心技术上取得重大突破。

这么多水，可以发很多电吧？

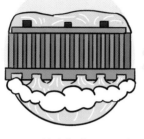

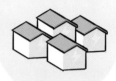

三峡大坝在 2008 年已经累计发电 1000 亿千瓦时，是 200 亿个家庭一天的用电量。三峡大坝创造了世界范围内单座水电站发电量的世界纪录！

 中国科技

我国是世界上水库、水坝最多的国家。

 中国科技

1. 三峡大坝是目前世界上最大的水利工程，也是最大的水电站。

2. 三峡大坝是世界上装机容量最大的水电站，也是综合效益最大的水利枢纽。

3. 三峡大坝拥有泄洪能力最大的泄洪闸和级数最多的内河船闸。

二叔，你看工人叔叔在开采什么？

是天然气，一种存在于地下的混合气体。它是很久以前的动植物遗体，被微生物分解形成的。

盖层
天然气
石油
烃源岩
地下水

我和天然气是好朋友，我俩经常一起出现！

天然气小人　　石油小人

我们天然气的主要成分是一种叫作甲烷的可燃物质，燃烧以后，只留下水和二氧化碳气体。

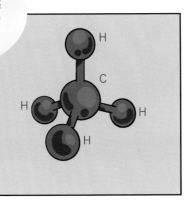

H　C　H　H　H

那和煤炭相比，你很环保啦！

中国科技

2017 年，我国独立制造的第六代 A5000 型深水半潜式钻井平台完成深海测试，标志着我国深水钻井高端装备制造能力取得重大突破，在天然气开采的道路上迈进了一大步！

21

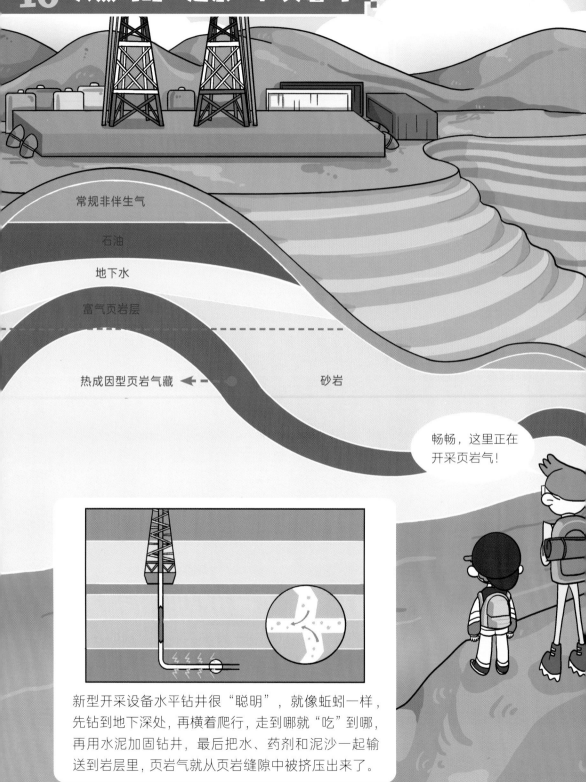

常规非伴生气

石油

地下水

富气页岩层

热成因型页岩气藏 ← 砂岩

畅畅，这里正在开采页岩气！

新型开采设备水平钻井很"聪明"，就像蚯蚓一样，先钻到地下深处，再横着爬行，走到哪就"吃"到哪，再用水泥加固钻井，最后把水、药剂和泥沙一起输送到岩层里，页岩气就从页岩缝隙中被挤压出来了。

你们和天然气是亲戚吗？

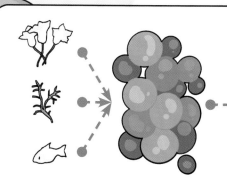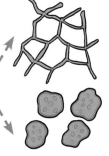

对呀！不过我们喜欢"住"在一种名叫页岩的石头里，这种石头里面有远古动植物的遗体，有些变成天然气跑了出来。我们更喜欢"住"得久一点儿！

那你们的"身体"成分和天然气一样吗？

差不多都是甲烷，燃烧后产生水和二氧化碳，很环保哦！而且我们的使用范围非常广泛，可以用于城市供暖、发电等。

中国科技

2021 年，中国石化江汉油田涪陵页岩气田累计生产页岩气 400 亿立方米，刷新中国页岩气田累产新纪录。

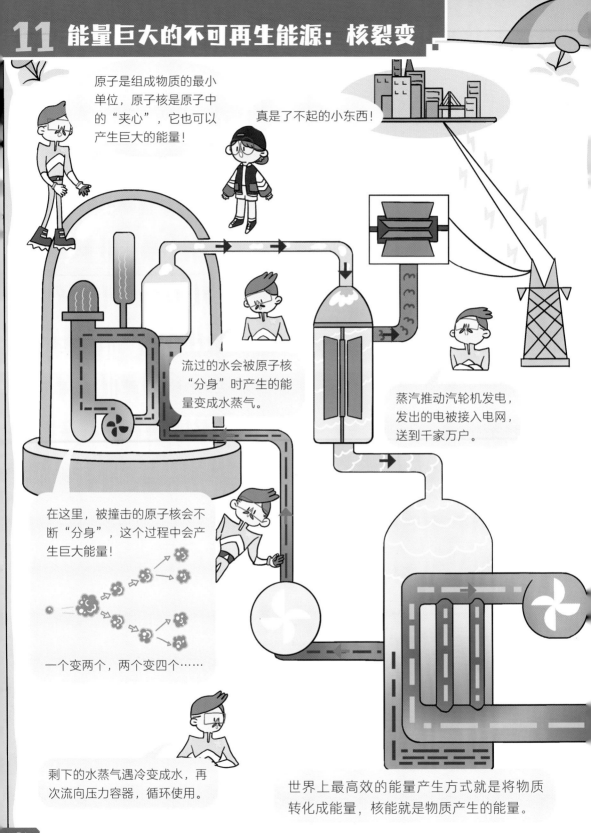

原子是组成物质的最小单位，原子核是原子中的"夹心"，它也可以产生巨大的能量！

真是了不起的小东西！

流过的水会被原子核"分身"时产生的能量变成水蒸气。

蒸汽推动汽轮机发电，发出的电被接入电网，送到千家万户。

在这里，被撞击的原子核会不断"分身"，这个过程中会产生巨大能量！

一个变两个，两个变四个……

剩下的水蒸气遇冷变成水，再次流向压力容器，循环使用。

世界上最高效的能量产生方式就是将物质转化成能量，核能就是物质产生的能量。

二叔，我们去看看在未来可能使用较多的能源吧！

出发！

这里是在用什么发电呢？

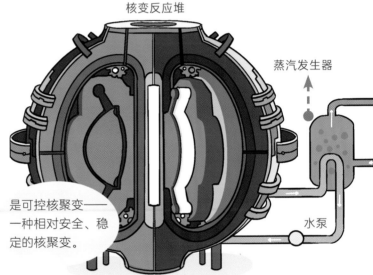

核变反应堆

蒸汽发生器

水泵

是可控核聚变——一种相对安全、稳定的核聚变。

核聚变反应：

聚变时，由较轻原子核聚合成较重原子核，释出能量。最常见的是由氢的同位素氘和氚，聚合成较重原子核如氦而释出能量。

二叔，这不是核裂变发电站的汽轮机吗？难道核聚变产生能量后，再加热水，让水蒸气推动汽轮机发电？

科学家确实有这样的设想。

核聚变和核裂变有什么区别？

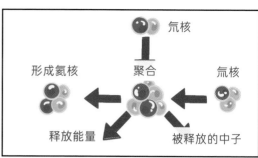

氘核

形成氦核 聚合 氚核

释放能量 被释放的中子

它们都是由物质产生能量，但过程相反。在温度较高或者压力较大的情况下，原子核们会"抱"在一起，这个过程（聚合）中能产生很大的能量。

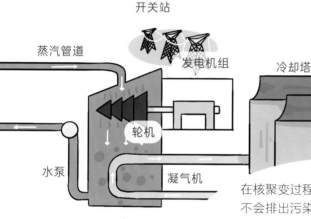

开关站

蒸汽管道

发电机组

冷却塔

轮机

水泵

凝气机

核聚变也会产生放射性废弃物吗？

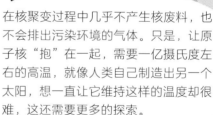

在核聚变过程中几乎不产生核废料，也不会排出污染环境的气体。只是，让原子核"抱"在一起，需要一亿摄氏度左右的高温，就像人类自己制造出另一个太阳，想一直让它维持这样的温度却很难，这还需要更多的探索。

中国科技

我国研发的"人造太阳"——东方超环，是磁约束核聚变实验装置。2023年，它实现了 403 秒稳态长脉冲高约束模式等离子体运行，是目前世界上托卡马克装置实现的最长时间高温等离子体运行，为我国掌握可控核聚变技术做出了突出贡献。

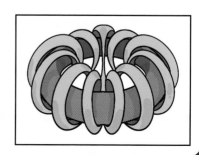

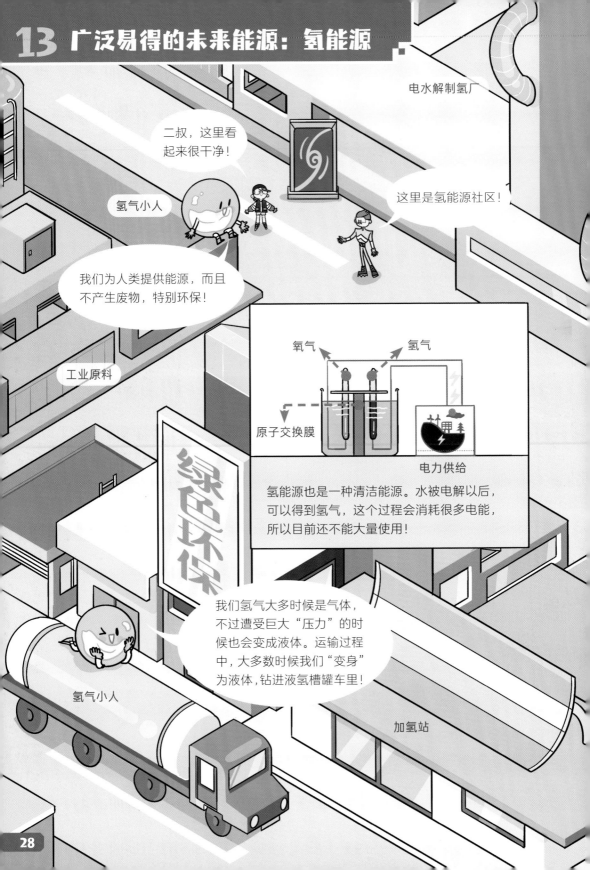

二叔，这里也有能源？

当然啦，城市垃圾是现代生物质能的一种，也是可以利用的能源！

城市垃圾经过高温焚烧，可以发电！

生物质能前面我们已经见过了，那些木柴和稻草都属于人类早期能够利用的生物质能。对了，利用家养牲畜的粪便制作的肥料也属于这一类。

垃圾库　锅炉　烟气净化塔　烟囱

袋式除尘器

回转窑

汽轮发电机　灰仓　引风机

焚烧垃圾加热锅炉，锅炉中的水蒸气驱动汽轮发电机，产生电能。

垃圾经过分拣处理以后，也可以用于生产燃气。

而在未来，更多的城市废物、垃圾将会被回收，循环再利用，这些被称为现代生物质能。

制作成庄稼生长所需的肥料！

哇，不仅解决了垃圾存放的问题，还变废为宝了！

农田

海洋里也有很多能源吗？

是的。你看这个大坝，它利用海水涨潮、落潮进行发电。

海水的涨潮和落潮又叫作潮汐，是由太阳和月亮的引力产生的自然现象。

咦？利用潮水涨落是怎么发电的？

就是将海水的势能和动能，通过水轮发电机转化为电能。

潮汐发电的成本通常只有火电站的八分之一左右。

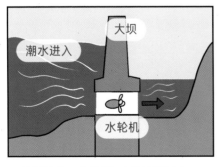

涨潮时，大量海水汹涌而来，具有很大的动能，同时，水位逐渐升高，动能转化为势能。

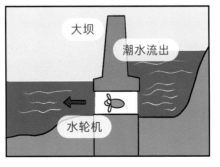

落潮时，海水奔腾而去，水位陆续下降，势能又转化为动能。

它利用海浪蕴藏的能量，推动发动机发电。

这是利用什么能源发电呢？

发电机：
先引海水流入管道，再突然降低管道内的气压，使海水汽化，利用海水汽化时产生的低温水蒸气推动汽轮机进行发电。

蒸发器：
表层海水温度较高，可以加热蒸发器中的液态氨或氟利昂，它们的沸点较低，容易汽化，之后利用蒸汽流来推动汽轮发电机进行发电。

涡轮

表层水温 25℃

这里的海水好温暖啊！

冷凝器：
从海洋深处抽出的冰冷海水，用来冷凝被利用后的水蒸气，并把水蒸气变为可以饮用的淡水。

因为太阳的照射，有些海洋表面的海水可以一直保持比较高的温度。这些温暖的海水输进设备，为一些很容易"蒸发"的物质加热，这些物质产生的蒸汽推动涡轮转动，实现发电。

深海水温 5℃

地壳：20℃～45℃

地幔：1000℃～3700℃

地核：4000℃～6500℃

畅畅你看，地球像个大西瓜，也是分层的！地球的"瓜皮"叫作地壳，"瓜瓤"叫地核，"瓜皮"和"瓜瓤"之间的是地幔。

哇，地核和地幔看起来很热！

而且火山爆发也和地球内部的温度与密度有关。

二叔，要不我们现在就去火山看看？

还好关上了，刚刚火山已经爆发了！熔岩裹挟的大量热量喷发而出，这些热量就是地热能！还有就是那些火山灰被人吸入后，可侵害呼吸系统，诱发哮喘病等很多疾病，

虽然地底温度很高，但地面却有温度很低的地方，要想在冰天雪地里生活，就需要供热。

科学家把地热产生的蒸汽抽取到居民家中，热气通过管道在房子里散发热量，房间里就暖和了！

而且地热不仅能供热，还能发电！

地热小人

火山　消音器　汽水分离器　送电铁塔
发电机　冷却塔　变压器
冷凝器　水
岩浆　雨水渗透
地下井：采集地下水蒸气

没错！地下水受热部分变成水蒸气，经过汽水分离机，过滤掉多余的液态水，剩下的水蒸气推动涡轮机组发电。最后，输电塔会把电送到各家各户。

地热能这么好用，为什么没有大量使用呢？

地热的勘测技术还不够先进，预测勘测点不够准确，加上后续还需要投入大量资金建设相关设施，所以目前地热能的使用成本还是比较高！

中国科技

2017 年，位于河北雄安的中国首个供暖地热城建成。2021 年我国"雄安地热"入选全球推广项目名录。

二叔，这个头上冒火的小"雪球"是什么呀？

这是可燃冰，也是能源中非常有潜力的一种！

可燃冰的发掘和提取

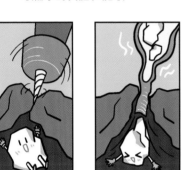

1. 用钻头挖掘可燃冰。

2. 与泥沙一起吸取上来。

3. 提取甲烷气体。

4. 输入海底管道进行储存。

5. 去除杂质。

我们可燃冰和天然气是亲戚，主要成分也是可以燃烧的甲烷。不过我们的"生存环境"更加严酷：又冷，"压力"又大！

不过我们的能量也更大！相同条件下，我们的能量是天然气的几十倍。

二叔，可燃冰的能量这么大，赶紧利用起来吧！

大量开采可燃冰可能造成海底塌陷，而且燃烧可燃冰产生的温室气体会污染环境。相信在未来技术会更加成熟，这些问题会慢慢解决。

中国科技

2017 年，我国在南海北部成功采获可燃冰，这标志着我国成为全球第一个在海域可燃冰开采中获得连续稳定产气的国家。

这里是被称为"生物柴油"的藻类能源基地。

藻类？

我们可是一种很"古老"的生物！

藻类是世界上最原始的生物之一，最早起源于32亿年前的寒武纪。由于藻类整个生物体都能进行光合作用，所以生长速度飞快，生长周期很短。

想了解我们藻类是怎么产生能源的，就跟我来吧！

中国科技

2020年，中国科学院与德国鲁尔大学合作，针对微拟球藻，构筑了缺氮胁迫下蛋白质组动态模型，为油脂代谢工程和藻类能源的开发提供了新的视角。

这些是经过处理的藻类，它们正在生长。这个过程中可以吸收很多二氧化碳气体！

藻粉　　藻油　　生物柴油

再把处理好的海藻磨成粉，就可以提炼出生物柴油。

油脂细分

而且我们的残渣还可以做成牛和鸡的饲料！我们藻类中所含的抗氧化剂与多不饱和脂肪酸，是很有营养的！

光合作用

微藻

生产生物柴油

提炼油脂

CO_2

车辆，工业排放

可再生能源

甘油产品

在未来，科学家希望生物柴油使用后产生的二氧化碳，可以再次用于我们藻类的培育和生产生物柴油，形成绿色循环！

19 太空发电站

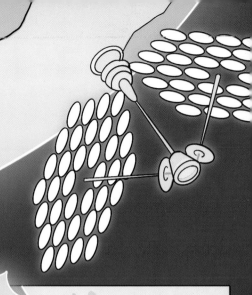

二叔，你看那是什么？它也是未来可以提供能源的设备吗？

没错！那是太空发电站！

二叔，太空发电站肯定比地球上的发电站厉害吧？

是的，太空发电站可以一直运行在太阳光能照射到的地方，所以能一天 24 小时全力发电。

你们说得对！你们好呀，我是电能小人。

下面就由我来给你们介绍一下太空发电站吧！

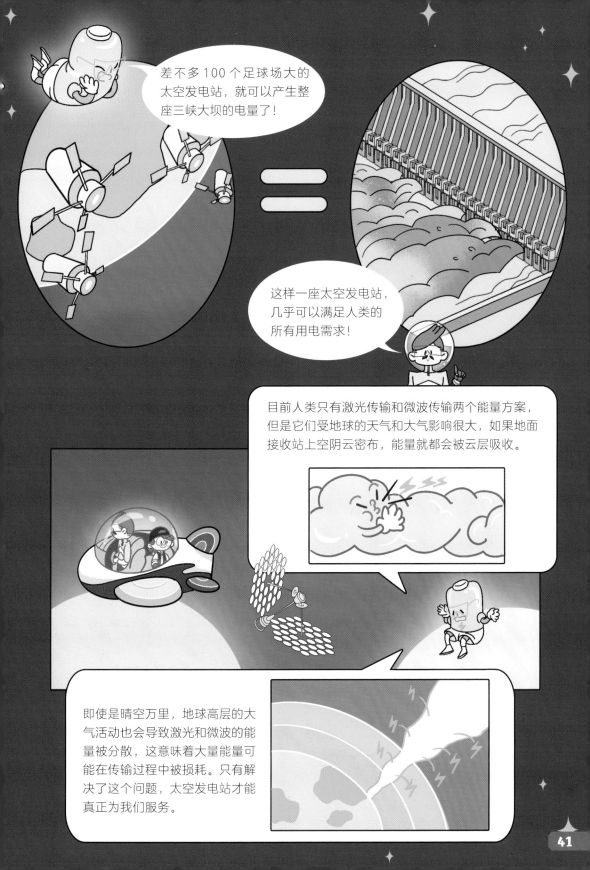

差不多 100 个足球场大的太空发电站，就可以产生整座三峡大坝的电量了！

这样一座太空发电站，几乎可以满足人类的所有用电需求！

目前人类只有激光传输和微波传输两个能量方案，但是它们受地球的天气和大气影响很大，如果地面接收站上空阴云密布，能量就都会被云层吸收。

即使是晴空万里，地球高层的大气活动也会导致激光和微波的能量被分散，这意味着大量能量可能在传输过程中被损耗。只有解决了这个问题，太空发电站才能真正为我们服务。

懂懂鸭
知识问答

问题 1：煤炭的近亲——煤精，是一种宝石吗？

回答：煤精和煤炭的主要成分差不多都是碳，但煤精中还掺杂了一些其他有机成分，一般夹在煤矿中形成。煤精通体黑色，有金属光泽。经过打磨后，煤精表面有玻璃质感，可制作印章、饰品等。英国女王就曾佩戴用煤精制作的项链。

问题 2：原油和石油是一回事吗？

回答：我们在新闻中常听到"原油"这个词，但原油和我们常见的石油并不是一回事。原油是指从地下开采出的有绿色荧光的黑色原始油，未经过任何加工和进一步提炼。而石油是原油提炼加工后的深褐色液体。石油进一步加工，可以分为汽油、柴油等。

问题 3：雷电有很大的能量？

回答：盛夏傍晚，我们有时会看到雷电交加。你可能不知道雷电具有巨大能量！每秒钟在地球的各个角落会有 100 多次闪电发生，一年下来雷电产生的能量超过 17 亿千瓦时，是三峡水电站装机总容量的上千倍。但是，收集雷电的能量很危险，且不容易掌握其规律，因此至今还没有广泛应用。

问题 4：新能源汽车使用的是什么燃料？

回答：道路上的新能源汽车越来越多，与传统燃油汽车的动力来源不同，新能源汽车主要使用电能。新能源汽车的电能来自动力电池或氢燃料电池。当新能源汽车要补充电能时，需连接充电桩，来自火电厂、水电厂等其他地方的电能就会源源不断输入车内。

问题 5：宇宙中存在超级能源吗？

回答：核能是由物质转化成的能量，虽然转化率非常非常低，但获得的能量已经很大。其实还有一种方式可以让物质 100% 转化为能量，那就是"湮灭"。湮灭是指反物质和物质相互碰撞后同时消失的状态。但是世界上的反物质很难找到，目前为止人类也只是合成了 0.1 纳克的反物质，所以，这种超级能源还需要很长时间的探索。

作者团队

懂懂鸭是飞乐鸟品牌旗下的儿童原创品牌，由国内多位资深童书编辑、插画师、科普作家协会成员组成，懂懂鸭专注儿童科普知识的创新表达等相关研究，坚持做中国个性的儿童原创科普图书，以中国优良传统美德和深厚的文化为核心，通过生动、有趣的原创插画，将晦涩难懂的科普百科知识用易读、易懂的方式呈现给少年儿童，为他们打开通往未知世界的大门。近几年自主研发一系列的童书作品，获得众多小读者的青睐，代表作有《国宝有话说》《好吃的中国》等，并有多个图书版权输出到日本、韩国以及欧美的多个国家和地区。

图书在版编目（CIP）数据

未来能源 / 懂懂鸭著. --北京：电子工业出版社，2023.10
（奇迹中国：无所不在的中国科技）
ISBN 978-7-121-46446-1

Ⅰ.①未… Ⅱ.①懂… Ⅲ.①能源－少儿读物 Ⅳ.①TK01-49

中国国家版本馆CIP数据核字（2023）第189634号

责任编辑：董子晔
印　　刷：北京缤索印刷有限公司
装　　订：北京缤索印刷有限公司
出版发行：电子工业出版社
　　　　　北京市海淀区万寿路173信箱　邮编：100036
开　　本：889×1194　1/16　印张：27.5　字数：511.5千字
版　　次：2023年10月第1版
印　　次：2023年10月第1次印刷
定　　价：200.00元（全10册）

凡所购买电子工业出版社图书有缺损问题，请向购买书店调换。若书店售缺，请与本社发行部联系，联系及邮购电话：（010）88254888，88258888。

质量投诉请发邮件至zlts@phei.com.cn，盗版侵权举报请发邮件至dbqq@phei.com.cn。

本书咨询联系方式：（010）88254161转1865，dongzy@phei.com.cn。

量子计算机

懂懂鸭 著

电子工业出版社

Publishing House of Electronics Industry

北京·BEIJING

推荐序

科技作为国之利器，是为中国制造业注入的一股活力，是打开未来之门的一把钥匙。这样听起来，科技好像离我们很遥远？其实，在家里和我们"聊天"的语音助手是科技，商店里用来结账的人脸支付是科技，为通信网络保驾护航的人造卫星也是科技……可以说科技无所不在。从小到大，我们身边的科技产品仿佛有魔力般改变着我们的生活，给我们带来了便捷、创造力和无数的乐趣。但是，你有没有想过这些神奇科技背后的秘密？

《奇迹中国 无所不在的中国科技》这套书通过十大主题的方式讲解了目前最热门的十大科技领域，用全新的漫画形式将复杂的科学原理转化成通俗易懂的故事，每一页都充满着创意和惊喜。比如，可以跟着纳米机器人进入人体内部一起"工作"，也可以看"生病"的量子计算机如何被治愈，还能去"未来动物园"看如何借助基因编辑复活灭绝动物……此外还有仿生机械、脑机接口、航天探测等主题，一个个鲜活的科技世界呈现在我们的面前。

同时，这套书也是我们国家科技发展的一次全面展示，配套的"中国科技"小栏目，不仅反映了我们中国人不断超越自我、超越梦想的伟大精神，也更清晰地呈现出中国科技的发展历程和未来趋势，从而让我们树立强国自信。不信你看，年轻的北斗卫星让中国成为全球第三个可以提供卫星导航系统服务的国家；全球首台人工神经机器人——神工一号，让中国实现了用意念控制瘫痪肢体做出动作反应的重大医疗突破……

因此，通过这套书你们会认识到，我们每个人都可以把对科技的兴趣和热爱转化为强大的力量，成为科技的先驱者，在未来的科技领域有所成就，为我们的国家贡献更多的力量。

让我们一起为中国的科技事业加油，为我们的未来加油！

胡垚

中国生物信息学会会员

参与江苏省"肿瘤早筛研究"项目

公元 2202 年，平时安静的街道上
充斥着各种声音——

交通管控中心的控制室里，操作员
不停地忙碌着，混乱还在继续……

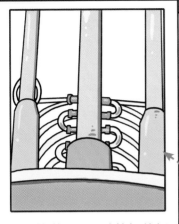

这些管道是量子计算机的循环制冷系统，里面装着可以降温的物质，能够保证量子计算机始终保持合适的温度。

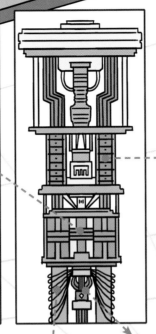

量子计算机就像一个有很多抽屉的柜子，两个相邻的圆盘组成一个抽屉，里面装满了各种小工具。

二叔，这些"龙须面"是什么啊？

这是微波传输线。如果说量子计算机里的信息是小船的话，那这些微波传输线就是承载小船的河流。

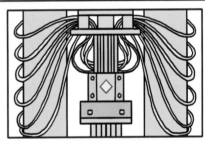

这个只有指甲盖大小的芯片就是量子计算机的"心脏"——量子芯片，别看它体积小，上面可分布着上亿个晶体管，被称为"指甲盖上的城市"。

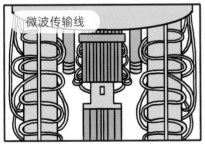

微波传输线

微波传输线如果长时间暴露在空气中，它的功能会大打折扣。为了避免这种情况，就要把它和空气隔开，所以部分传输线上面会镀上一层金，看起来金灿灿的。

二叔，这左右两个柱子像"门神"一样，好威风！

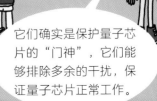

它们确实是保护量子芯片的"门神"，它们能够排除多余的干扰，保证量子芯片正常工作。

量子计算机处理的都是量子信息，理解量子的概念是了解量子计算机的第一步！

哈哈！现实生活中可找不到量子哦！这个嘛，要先从什么是量子说起。

等一下，我先去找一个量子，一会儿听讲的时候用！

分子结构图

量子

原子

从名字来看，量子似乎和"分子""原子"这样的粒子是同类事物，但其实完全不同。

有些东西像硬币一样，是一个一个的，不能掰开用，量子也一样。因为量子并不是一个固定的物质或者粒子，是不能再拆分的。

二叔，为什么它们都说自己是"量子"呀？

我是水的量子。 我是氧元素的量子

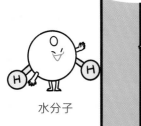

水分子

氧原子

描述一个事物时，把能拆开的最小单位称为它的"量子"，比如描述水的特性的时候，它的最小单位就是水分子，那么水分子就是水的量子。

大爷，我要买一斤水果。

哈哈哈，应该说买一斤梨或者苹果嘛！

"量子"的本意就是一个计量单元，指的是某物品的最小一份，所以一定要说"某某量子"，而不能简单地说"量子"。如果只说"量子"，就和说"买一斤水果"效果一样！

二叔，您快看！我现在也是个量子计算机了！

哈哈！这可不是量子计算机！只有遵循量子力学规律，处理和计算量子信息，运行量子算法的才是量子计算机。

二叔，量子计算机为什么速度这么快？

传统计算机

量子计算机

6 亿年

200 秒

量子计算机的计算速度比传统计算机快万亿倍。

宏观世界

微观世界

中国科技

2020 年，中国成功制造出量子计算机"九章"，它由 76 个光子构建，能够解决超级复杂的计算问题，比当时世界上速度最快的计算机快 100 万亿倍。

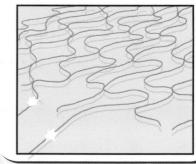

这和它遵循量子力学有关，要从宏观世界和微观世界的区别说起。我们能用眼睛看到的就是宏观世界，而原子、分子等粒子层面的物质世界就是微观世界。

宏观世界里有很多我们熟悉的现象：苹果从树上落下，扔出去的纸飞机会慢慢地落到地上……可是在微观世界，一切都会变得不一样。

宏观世界

微观世界

这也太神奇了吧！

在微观世界里，你会发现苹果停在空中，或者上一秒还在眼前的苹果，下一秒就瞬间移动到了另一个地方。

既然宏观世界的常识都不适用，那微观世界里有自己的运行规律吗？

有啊！为了解释微观世界的这些现象，物理学家们提出了微观粒子运动规律的新理论，这就是量子力学！

量子计算机

在微观世界里，一个事物可以既是苹果，也是梨子。

量子力学

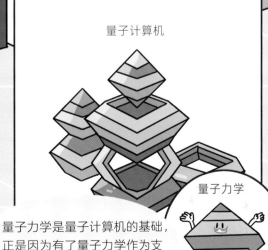

量子力学是量子计算机的基础，正是因为有了量子力学作为支撑，量子计算机才得以实现。

二叔，这个计算机没办法用了！

是呀，我们需要一个新的产品。

传统计算机的芯片在工作时，会产生大量的热。遇到一些复杂的问题时，发热情况会更加严重。

晶体管

晶体管

电子芯片

电子芯片

传统计算机的芯片由一个个晶体管构成，随着技术的提升，单位面积的晶体管数量越来越多，因此产生的热量也越多。

自计算机诞生以来，计算机也从一开始占半个房间的"大块头"，变成了能够放在背包里随身携带的"笔记本"，且计算机的计算速度也有大幅度提升。

5000 次 / 秒

几百万至上亿次 / 秒

别挤了，没位置了！

电子芯片

晶体管小人

随着技术的提升，传统计算机芯片的晶体管数量越来越多，所以计算机运算速度越来越快。但是，当芯片无法再加更多的晶体管时，计算机的运算速度就达到了极限。

量子计算机完美地解决了传统计算机工作时发热，以及计算速度受限的问题，它将为全世界带来全新的变化。

晶体管

晶体管就像水闸，它只有一个功能，允许或者阻挡信号通过。

晶体管是传统计算机处理信息的最基础单元。

那我们怎么控制这个"水闸"的开关呢？

这就需要输入一个信号，用它来控制晶体管。把信息量比作海洋球的话，我们把一个海洋球，也就是它最小的单元，

叫作比特。它有 0 或者 1 两种"状态"，可以理解为"1"表示水闸打开，"0"表示水闸关闭。

二叔，"量子比特"和"比特"有什么关系呀？

我是比特。

我是量子比特。

量子比特是比特的"升级版"，增加了一些诸如"分身术"之类的特性，这个我后面会展开讲解！

量子计算机的基本信息单元是量子比特。

二叔，我感觉传统计算机已经很强大啦！

其实传统计算机并没有那么聪明，只会做相加、相乘等简单的计算，但是如果"海洋球"数量非常非常多，就可以解决复杂的问题。

传统计算机运算时只能一个一个尝试，就像一群人在做"接力跑"；而量子计算机在同一时刻可以进行多个运算，就像人们在做"集体操"。

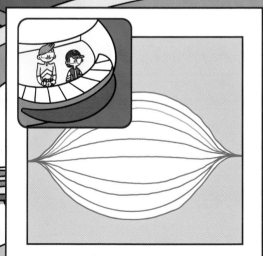

量子计算机同时会产生许多运算结果，最终输出其中的一种。

 中国科技

2021 年，中国实现了超过 200 千米的远距离单光子三维成像，首次将成像距离从十千米突破到百千米量级，是名副其实的"千里眼"。

15

原来是量子比特的位置出现了偏移，所以量子计算机才会"生病"！

我们快去帮忙吧！

由于量子比特具有叠加性，整体非常不稳定，所以它很容易发生位置的移动。

这个"导航仪"真好用！要是没有它，我们还不知道往哪个方向推呢。

这是量子计算机的纠错系统，它能及时纠正错误，保证量子计算机的准确性。

传统的纠错方案是通过测量单个比特检查错误，但这个方法不适用于量子比特，因为任何测量都会破坏量子态，从而破坏计算。目前科学家仍在探索适合量子计算机的纠错模式。

想要增加新功能，也非常容易，只要把新内容加在量子计算机旁边就可以了。

真棒！那就把咱们的量子比特放在这里吧！

中国科技

2021 年，中国研制的量子计算原型机"九章二号"求解高斯玻色取样问题的速度，比"九章"快 100 亿倍。"九章二号"用 1 毫秒可算出的问题，全球"最快超算"计算机需要用 30 万亿年。

将问题转化为量子算法

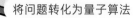

畅畅，咱们去亲自体验一下量子计算机的实际操作过程吧！

二叔，这个计算机和我在家用的一样呀？

数字信息小人

量子态信息小人

没错，量子计算机输入和输出的都是普通数据，和你在传统计算机上看到的一样。如果说处理数据是进行一段奇妙的冒险的话，那你现在看到的是冒险旅程的"入口"和"出口"。

量子计算机控制系统

指令

结果

二叔，这个"量子计算机控制系统"就是"控制室"吗？

是的。指令就像设计图，量子计算机控制系统根据指令的内容，向量子芯片系统下达指令，让量子芯片系统根据要求行动。

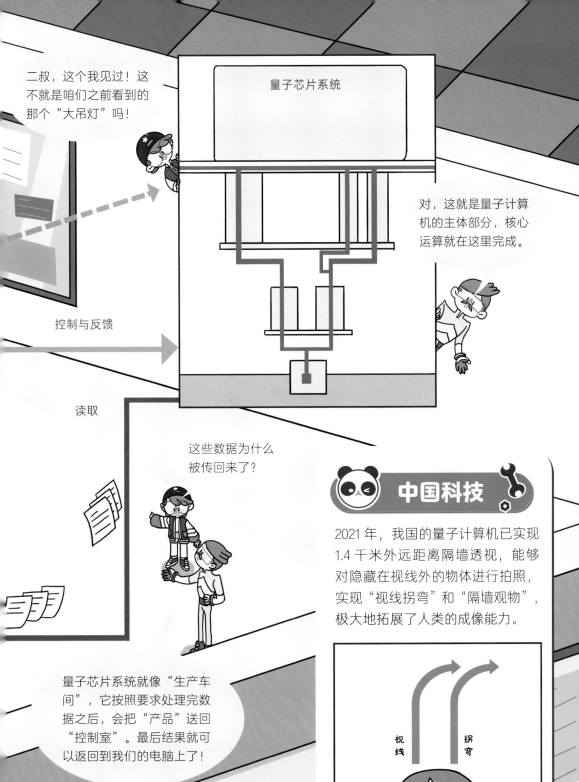

二叔，这个我见过！这不就是咱们之前看到的那个"大吊灯"吗！

量子芯片系统

对，这就是量子计算机的主体部分，核心运算就在这里完成。

控制与反馈

读取

这些数据为什么被传回来了？

量子芯片系统就像"生产车间"，它按照要求处理完数据之后，会把"产品"送回"控制室"。最后结果就可以返回到我们的电脑上了！

中国科技

2021 年，我国的量子计算机已实现 1.4 千米外远距离隔墙透视，能够对隐藏在视线外的物体进行拍照，实现"视线拐弯"和"隔墙观物"，极大地拓展了人类的成像能力。

视线　拐弯

二叔，这里好多人在排队啊！

这就是传统计算机的特点，所有事情只能一件一件地干，不能同时进行。

传统计算机

二叔，你给我讲讲量子纠缠吧！

量子计算机

量子计算机中，量子比特会互相影响，这种情况叫作量子纠缠。这也是量子计算机效率更高的秘诀之一！

在量子力学里，当几个粒子彼此相互作用后，它们将无法单独行动，一个改变，另一个也会跟着改变。

我们俩干什么都要在一起。

畅畅，你还记得小时候怎么算十以内的加减法吗？

我是用手指算数的。比如算"3+5"，两只手就能算出来啦！

那要是"12+7"呢？

那就得找人帮忙喽，一双手可不够用！

做算术题的时候，人数越多，可以计算的内容越复杂！

没错，量子计算机的优势就在于，它在同一时刻可以进行更多计算！这还得从"一只猫咪"的故事说起。

在没打开盒子时，猫咪可能是活的，也可能是死的。

有一个著名的问题，盒子里有一只猫咪和一瓶毒药，还有一个不知道会不会打翻毒药的装置，我们看不到盒子里面发生的事情。

对，此时猫咪的状态和量子的情况非常相似。

量子叠加态就像是"放在盒子里的猫咪"，在没有人干预的情况下，它既是0也是1。

量子被观察的一瞬间，就会变成确定的1或者0。就像是打开盒子，才能确定猫咪的死活。

同一时刻，量子比特既可以是0，也可以是1，所以它在同一时刻可以进行比传统计算机多一倍的计算。

比特已经能装很多东西了，那量子比特岂不是更厉害！

是的！量子计算机是"大胃王"！

传统计算机

量子计算机

量子未被观测时，可以同时是0和1的状态，正因如此，量子比特可存储的信息是经典比特的两倍。300个量子比特，能存储的原子就是 2^{300} 个。这比可观测宇宙的所有原子数目还要多。

畅畅，如果你遇到岔路口，不知道哪条路是对的，会怎么做？

嗯……我会一条路一条路地去试，直到找到正确的出口。

你这个思路，和传统计算机解决问题的方法是一样的。

传统计算机遇到岔路口时，只能一条一条去尝试。

传统计算机的运算方式叫作串行运算。一个路口需要尝试 2 条路，2 个路口就是 4 条，依此类推，如果有 30 个岔路口，就有约 10 亿条路需要去尝试。

量子计算机可不想浪费那么多时间！

量子计算机小人

量子计算机就像孙悟空一样，有"分身"技能，可以同时进行多个运算，这种方式叫作并行运算。

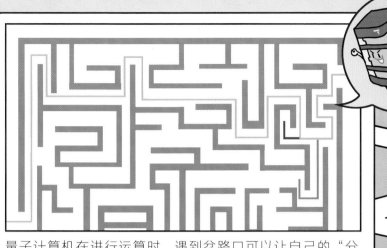

量子计算机在进行运算时，遇到岔路口可以让自己的"分身们"同时前进，这样能大大缩短运算时间，提高运算速度。

我们要辨别出适合量子计算机解决的问题，才能让量子计算机发挥出最佳功能！

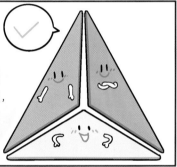

并行运算擅长处理可以分割的问题，而不擅长处理作为一个整体的问题。

中国科技

2021 年，我国率先建立了全球首个星地量子通信网，覆盖四省三市共 32 个节点，是跨越 4600 千米的天地一体化量子通信网络。

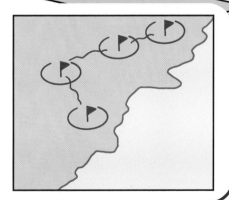

二叔,我知道运行速度快的传统计算机更好用,但是怎样才能判断一台量子计算机好不好用呢?

可以通过这几个方面来判断!

高分辨率旋转

拿舞蹈来举例,传统计算机和量子计算机的区别是,前者会说"再转快一点儿、腿再抬高一点儿",而后者会说明速度具体提高多少、角度增加几度,这个数据指标叫作高分辨率旋转。

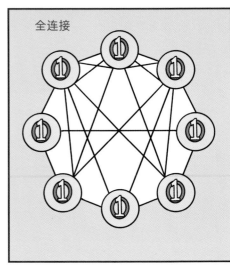

全连接

在量子系统中,如果量子系统每一部分能够全部连接在一起,就叫作全连接。这种紧密的联系方式,有助于更大程度地实现更多的量子操作。

保真度

保真度70%

信息只有经过处理,才能在量子计算机中使用。在这个过程中,数据难免产生一些损耗。而损耗程度越小,信息的保真度越大,因此,保真度数值越大,量子计算机就越好用。

二叔，快看，它们都有名字！

这是会影响量子计算机性能的"能力星球"，它们都可以反映量子计算机的能力。

设备连接数

量子比特数

量子体积

这些星球叫作量子体积，对于量子计算机而言，所拥有的量子体积越大，解决复杂问题的能力也越强。

错误率

1、2、3、4……我都数不清了！这些星球都是"能力星球"吗？

中国科技

2016年，全球首颗量子科学实验卫星"墨子号"，在中国酒泉卫星发射中心成功发射。墨子号是通信卫星中的一种，只是和传统的通信卫星直接传递信息不同，墨子号的工作不是传递信息本身，而是分配"密钥"——解码加密信息的"钥匙"。它实现了地球上相距1200千米的两个地面站之间的量子态远程传输。

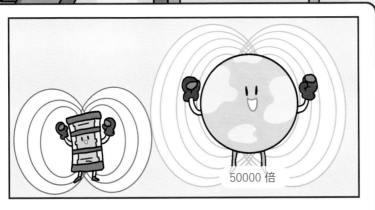

量子计算机工作的磁场是地球磁场的五万分之一。

50000 倍

量子非常活跃，要想让它能正常工作，必须将外界的干扰降至最小。超低温、真空环境和弱磁场有助于减小可能的干扰。

微观物理世界里，一个极其微小的力，哪怕只有蝴蝶扇动翅膀的万分之一气流，也会使量子计算机无法正常工作！

中国科技

2021 年，66 比特可编程超导量子计算原型机"祖冲之二号"实现了对"量子随机线路取样"任务的快速求解。

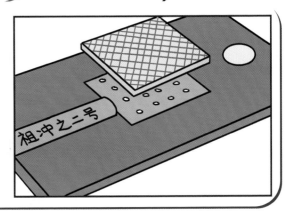
祖冲之二号

快跑！量子世界不稳定了！

像我们之前说的，量子比特可以同时处于 0 和 1 两种状态，但维持它们的稳定并不容易。

二叔，为什么量子世界这么脆弱啊？

量子比特　　　　　　　　外界环境

因量子比特有叠加性，整体非常活跃，即使受到外界很微弱的力，也会改变自己的状态，从而影响量子计算机的性能。

还有一个原因，量子具有不可复制性，只要观测一次后，就失效了。

正是因为量子具有不可复制性，量子计算机无法实现传统计算机的纠错应用以及复制功能，这使得维持其稳定变得困难。

我明白了，当打开盒子，猫咪的状态就确定了。即使再关上盒子，也无法恢复到以前那种不确定的状态了。

是呀，真空、低温、磁场保护等条件都是为了保障量子计算机能稳定工作。

量子计算机想要维持稳定可太难了！

二叔，要是人人都有量子计算机，很多问题都能解决啦！

这个嘛，先不要急。量子计算机还有很长的路要走。

量子计算机的发展需要三个阶段，目前还处于第一个阶段——量子计算原型机阶段。

我"麻雀虽小，五脏俱全"。我的量子比特数在 50 到 100 之间。

原型机的比特数较少，信息功能不强，应用有限，但确实是按照量子力学规律运行的量子处理器。

传统计算机

量子计算原型机

我是原型机的哥哥，我的量子比特数有几百个左右。

量子模拟机

量子模拟机能解决的问题比量子计算原型机要多一些。

量子计算机之前只能在某些数学问题上碾压传统计算机，现在可以扩展到诸如生物学、医学、人工智能等前沿科技领域，能够解决的问题更加丰富。

我是原型机和模拟机的哥哥，我的量子比特数有几万到几百万个。

量子计算机用处好大……我都迫不及待地想体验一下了！

通用量子计算机

通用量子计算机可以使我们真实地体验游戏世界，在极短的时间内找到最佳的出行方案，实现众多科学突破等，量子计算机会给生活带来翻天覆地的变化。

中国科技

2021年，我国发布首个量子卫星地面站。它主要用于对接"墨子号"卫星，实现"星地一体"量子保密通信。经过上千次的实验，研发人员成功将地面站由之前的12吨降至100千克以下，使部署更方便、灵活。

畅畅，想渡过一条河，有哪些方式呢？

我们都是量子计算方案！

超导量子计算　　离子阱量子计算　　拓扑量子计算

坐船呀！不过，船有很多种，汽艇、轮船、木船都可以！

量子计算机的实现形式可以说是"八仙过海，各显神通"。

快点儿！马上就到时间了！

但并不是所有的量子比特都能实现量子计算，这有很多要求！

只有我能完成这个项目！

第一，在整个构建量子计算方案的时间里，量子比特必须维持自身的状态。

第二，量子比特必须有能力完成特定的任务。

也对，如果还没完成任务，它自己的状态就改变了，那就没用啦！

只有具备"职业资格"的量子比特才能够达标！

第三，量子比特必须可以变为 0。

我明白了！就像一个杯子，只有把里面的水倒干净了，才能装新的东西！

二叔，量子计算机有这么多实现方案，是不是可以像坐火箭一样"嗖"地一下迅速发展？

那可不是！还是有很多阻碍的。

要创建有价值的、规模化的量子计算机，将需要数十万乃至数百万个量子比特，而目前我们仅仅能操控几十个量子比特。

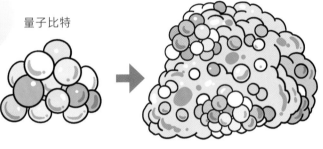

量子比特

量子晶体

我国在量子科技上的短板与现在信息技术的短板类似，缺少关键核心元器件等。因此，加强技术材料和设备的研发，是今后一段时间需要解决的关键问题。

中国科技

"祖冲之二号"刚问世不久，"祖冲之2.1"就来了，它所完成任务的难度比"祖冲之二号"高出了3个数量级。

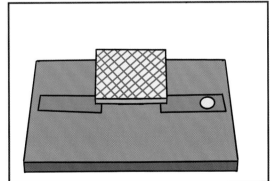

17 量子计算机的好朋友

量子计算机想要更快、更好地发展，少不了基础软件的帮助！

哦？量子计算机都有哪些基础软件呢？

有了这些软件，我也可以使用量子计算机了！

量子操作系统

量子云平台

语言处理系统

基础软件主要是为那些研发量子计算机软件的人设计的，它们可以让量子计算机"更好用"。

量子云平台很厉害，它可以在传统计算机上模拟量子计算机。

传统计算机

量子芯片

量子云平台

量子计算机

语言处理系统就像一座桥，把使用者和量子计算机连接起来。

语言处理系统

有了这个语言处理系统，我就可以看懂量子计算机的内容了！

量子操作系统

量子操作系统就像量子计算机的"大管家"，它将整个量子计算机打理得井井有条。

量子操作系统对量子计算机的资源进行有效的调配和管理，可以使量子计算机的运行更加高效、稳定。

原来这就是量子计算机顺畅运行的秘诀呀！

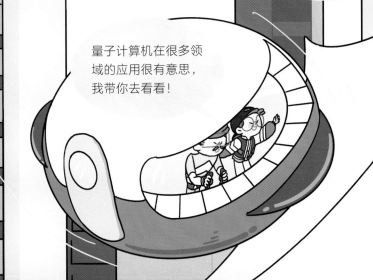

量子计算机在很多领域的应用很有意思，我带你去看看！

最新消息！市中心发生严重交通堵塞。

据量子计算机分析，我们只要完成南北方向的车辆疏导，就可以解决这次拥堵了！

果然很准！

量子计算机可以根据现有的交通状况预测未来的交通状况，完成深度分析，进行交通调度和优化。

二叔，如果未来我们可以不用自己开车，路上的时间也都可以利用起来啦！

多亏了量子计算机，人们能更好地享受这沿途的美景！

量子计算机能迅速在海量的数据中选出最适合目前路况的一条路线，并且做出及时迅速的反应，从而使得自动驾驶走入寻常百姓家。

问题 1：在量子世界，人能够瞬间移动吗？

回答：从理论上来讲是可以的。在 A 地扫描人体内部的所有纠缠粒子，记录这些纠缠粒子的信息，然后把这些纠缠粒子的信息发送到 B 地，B 地再通过收集到的 A 地的所有纠缠粒子信息进行重新搭建，那么就可以在 B 地复制出这个人了。与此同时，在 A 地的那个人会消失！这样就利用量子纠缠实现了人体瞬间转移。但是，把你体内所有的信息复制粘贴一遍，得到的"新"人还是你自己吗？

问题 2："穿墙术"真的存在吗？

回答：在量子世界里，粒子有可能穿过高墙，所以"穿墙术"真的可以实现哦！

问题 3：人类真的可以实现"时空穿梭"吗？

回答：人能不能被传送暂时是未知数，但一个原子是可以的，几百个原子也是可以的，目前这些在实验中都已经得到证实。

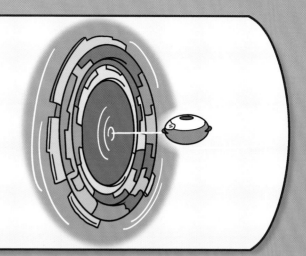

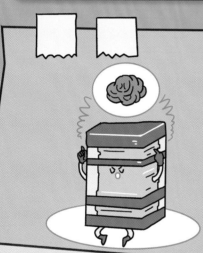

问题 4：量子计算机能够令机器人更聪明吗？

回答：答案是肯定的。量子计算机能够极大程度地模拟人类的大脑，使机器人可以短时间处理多件事情，并且给出合适的解决方案。久而久之，这样的机器人会更加聪明。

问题 5：量子计算机普及后，我们会迎来怎样的世界？

回答：我们可以期待一下量子计算机的未来！更强大的量子计算机将能够模拟超级复杂的系统，比如重力、生物大脑等，带给我们更多沉浸式体验。同时，人工智能在量子计算机的助力下，也会实现更快的学习和运算能力，变得更加"智能"。

作者团队

懂懂鸭是飞乐鸟品牌旗下的儿童原创品牌，由国内多位资深童书编辑、插画师、科普作家协会成员组成，懂懂鸭专注儿童科普知识的创新表达等相关研究，坚持做中国个性的儿童原创科普图书，以中国优良传统美德和深厚的文化为核心，通过生动、有趣的原创插画，将晦涩难懂的科普百科知识用易读、易懂的方式呈现给少年儿童，为他们打开通往未知世界的大门。近几年自主研发一系列的童书作品，获得众多小读者的青睐，代表作有《国宝有话说》《好吃的中国》等，并有多个图书版权输出到日本、韩国以及欧美的多个国家和地区。

图书在版编目（CIP）数据

量子计算机 / 懂懂鸭著. --北京：电子工业出版社，2023.10

（奇迹中国：无所不在的中国科技）

ISBN 978-7-121-46446-1

Ⅰ.①量… Ⅱ.①懂… Ⅲ.①量子计算机－少儿读物 Ⅳ.①TP385-49

中国国家版本馆CIP数据核字（2023）第193426号

责任编辑：董子晔

印　　刷：北京缤索印刷有限公司

装　　订：北京缤索印刷有限公司

出版发行：电子工业出版社

　　　　　北京市海淀区万寿路173信箱　邮编：100036

开　　本：889×1194　1/16　印张：27.5　字数：511.5千字

版　　次：2023年10月第1版

印　　次：2023年10月第1次印刷

定　　价：200.00元（全10册）

凡所购买电子工业出版社图书有缺损问题，请向购买书店调换。若书店售缺，请与本社发行部联系，联系及邮购电话：（010）88254888，88258888。

质量投诉请发邮件至zlts@phei.com.cn，盗版侵权举报请发邮件至dbqq@phei.com.cn。

本书咨询联系方式：（010）88254161转1865，dongzy@phei.com.cn。

奇迹中国
无所不在的中国科技

航天探测

懂懂鸭 著

电子工业出版社·
Publishing House of Electronics Industry
北京·BEIJING

推荐序

科技作为国之利器，是为中国制造业注入的一股活力，是打开未来之门的一把钥匙。这样听起来，科技好像离我们很遥远？其实，在家里和我们"聊天"的语音助手是科技，商店里用来结账的人脸支付是科技，为通信网络保驾护航的人造卫星也是科技……可以说科技无所不在。从小到大，我们身边的科技产品仿佛有魔力般改变着我们的生活，给我们带来了便捷、创造力和无数的乐趣。但是，你有没有想过这些神奇科技背后的秘密？

《奇迹中国 无所不在的中国科技》这套书通过十大主题的方式讲解了目前最热门的十大科技领域，用全新的漫画形式将复杂的科学原理转化成通俗易懂的故事，每一页都充满着创意和惊喜。比如，可以跟着纳米机器人进入人体内部一起"工作"，也可以看"生病"的量子计算机如何被治愈，还能去"未来动物园"看如何借助基因编辑复活灭绝动物……此外还有仿生机械、脑机接口、航天探测等主题，一个个鲜活的科技世界呈现在我们的面前。

同时，这套书也是我们国家科技发展的一次全面展示，配套的"中国科技"小栏目，不仅反映了我们中国人不断超越自我、超越梦想的伟大精神，也更清晰地呈现出中国科技的发展历程和未来趋势，从而让我们树立强国自信。不信你看，年轻的北斗卫星让中国成为全球第三个可以提供卫星导航系统服务的国家；全球首台人工神经机器人——神工一号，让中国实现了用意念控制瘫痪肢体做出动作反应的重大医疗突破……

因此，通过这套书你们会认识到，我们每个人都可以把对科技的兴趣和热爱转化为强大的力量，成为科技的先驱者，在未来的科技领域有所成就，为我们的国家贡献更多的力量。

让我们一起为中国的科技事业加油，为我们的未来加油！

胡垚

中国生物信息学会会员

参与江苏省"肿瘤早筛研究"项目

二叔和畅畅正在体育馆里打乒乓球，
畅畅已经连输三局了……

《中国的航天》白皮书中指出：深空探测是对地球以外的天体展开空间探测活动，探月、探日等都属于深空探测。

二叔，外面有一道亮光！

可能是深空探测器划过，我们一起去探索一下！

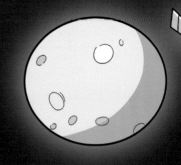

亮光好像飞到那边去了！那是月球吧！

月球是地球唯一的天然卫星，人类正在通过多种方法了解它。

月球是一个岩质天体，表面十分稳定，保留了许多形成初期和演化过程的"痕迹"。数十亿年来，在南极的土壤现在还在南极，因此能够探寻生命的起源。

月球上有什么宝藏吗？

根据带回来的月壤检测发现：月球上有地球稀缺的氦−3气体，有大量可开发利用的稀土元素、钛铁矿，还有可用作热核燃料的氘气体等。

氦　钛铁　氘

月球环境和地球环境完全不同，不仅受重力影响小，还更加清洁。

我们可以在月球弱重力场的环境下，探寻植物生长速度的秘密，还可以进行生命科学与材料科学方面的研究。一些在地球上无法批量生产的特种材料也更适合在月球上生产。

之前看到的亮光在那里！

是嫦娥一号探测器！

想要探索地球以外的太阳系甚至太空，月球作为至今为止人类发现的最稳固的、唯一的"天然空间站"，是非常不错的"前沿阵地"。

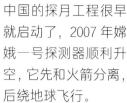

中国的探月工程很早就启动了，2007年嫦娥一号探测器顺利升空，它先和火箭分离，后绕地球飞行。

嫦娥一号小档案

发射时间：2007年10月24日
发射场地：西昌卫星发射中心
搭载火箭：长征三号甲三级液体运载火箭
目标任务：围月球"绕"起来；
探测月壤的特性

哎哟！为了节省燃料，利用地球引力作用，绕了这么多圈，头都晕了！

经历多次变轨和中途修正后，嫦娥一号即将到达月球附近的捕获点。

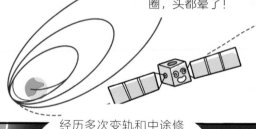

捕获点

我需要在精确的捕获点"刹车"，让月球引力"抓住"我！千万不能与月球擦肩而过，更不能撞到月球。

绕月飞行顺利！现在我得开工了！

探测距离 100 千米

我需要拍摄月球表面的照片，收集月球的信息。等这些信息传输回地球，科学家们就可以复原出月球表面的影像资料！

丰富海

为更好地在月球软着陆，科学家们最终决定让嫦娥一号撞击在月球赤道的丰富海附近。

中国科技

2008 年 11 月 12 日，嫦娥一号拍摄的第一幅全月球影像图发布。这是世界范围内，首张包含月球南北两极，分辨率（120 米）最高的全月图。

哇，嫦娥二号像子弹一样直冲向月球！

嫦娥二号虽然身材比嫦娥一号"胖"一点儿，但它的设计寿命比嫦娥一号增加了一倍！研发成本也大大降低！

这样的运行轨迹可以节约燃料，时间也可大大缩短，只要 5 天就可以到达月球附近的轨道。

我比嫦娥一号足足快了 7 天！而且我携带了更先进的 CDD 相机，分辨率可以达到 1.5 米！我要仔细观察并拍下高清照片，为嫦娥三号的降落作准备！

嫦娥二号小档案

发射时间：2010 年 10 月 1 日
发射场地：西昌卫星发射中心
搭载火箭：长征三号丙运载火箭
目标任务：探测降落点

探测距离
100 千米

嫦娥二号的任务是探测月球表面的降落点，就在嫦娥一号撞击的丰富海虹湾区附近！

直径 9 千米

深 1.7 千米

注意拉普拉斯 A 撞击坑，坑底有大量岩石可以作为研究对象。

 **中国科技**

嫦娥二号首次近距离拍摄"行踪不定"的小行星——图塔蒂斯，并获取了重要信息和数据。图塔蒂斯是一颗对地球存在撞击威胁的近地小行星。

差不多到2028年，嫦娥二号就可以回到地球附近了。

快速调整段

接近段

悬停段

嫦娥三号在虹湾区的成功降落，结束了人类探测器在月球盲落的历史。

嫦娥三号着陆器

嫦娥三号小档案

发射时间：2013 年 12 月 2 日
发射场地：西昌卫星发射中心
搭载火箭：长征三号乙加强型火箭
目标任务：巡视月球

长 1.5 米
宽 1.0 米
高 1.1 米
重 140 千克

二叔，有一个有着 6 个轮子的小机器人从嫦娥三号上下来了！

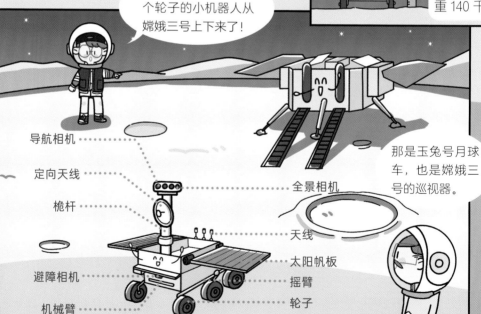

导航相机

定向天线

桅杆

避障相机

机械臂

全景相机

天线

太阳帆板

摇臂

轮子

那是玉兔号月球车，也是嫦娥三号的巡视器。

着陆器这是在干什么啊？

它正在进行天文观测！月球上没有大气，干扰更少，通过月基光学望远镜可以观测到一些地球上看不到的天体。

跳出地球，在距离地球三十多万千米的月球上，通过极紫外相机观测，能看到的范围更广，也更容易看到等离子层的变化情况。

着陆器好忙啊。

它现在正拿着极紫外相机，拍摄地球和地球周围的天然"保护膜"——等离子层呢！

这些信息对研究气象灾害很重要！

玉兔号，你也有任务吗？

当然，我有很重要的任务，我要用雷达探测脚下的月壤和石头！

中国科技

嫦娥三号探测器首次实现我国地外天体软着陆。嫦娥三号的着陆点及玉兔号的探测范围被命名为"广寒宫"。

广寒宫

嫦娥四号带着玉兔二号巡视器在南极艾特肯盆地着陆。

直径 2500 千米

面积约 490 万平方千米

嫦娥四号小档案

发射时间： 2018 年 12 月 8 日
发射场地： 西昌卫星发射中心
搭载火箭： 长征三号乙运载火箭
目标任务： 在月球背面着陆

又不是第一个来月球的巡视器，不用这么紧张吧？

我可是第一个在月球背面着陆的巡视器！当然要小心。

月球正面

月球背面

我们在地球上只能看到月球的正面，月球的背面地形更加起伏多变，受地球电波的干扰也更少，更易看到等离子层的变化情况。

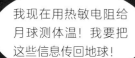

我现在用热敏电阻给月球测体温！我要把这些信息传回地球！

在月球背面，你怎么把信息传回地球呢？

这一点科学家们早就想到了，他们在发射嫦娥四号之前，发射了一颗撑着金色大伞的中继星——鹊桥。

中继星鹊桥

月球

地球

我先把信息传输给中继星，再由中继星把信息传输到地球，这样信号就不会被阻挡啦！

中国科技

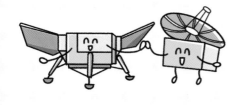

嫦娥四号进行了世界范围内的首次月球背面软着陆和探测，也第一次实现了月球背面与地球的中继测控通信。

嫦娥五号小档案

嫦娥五号小档案

发射时间： 2020 年 11 月 24 日
发射场地： 文昌航天发射场
搭载火箭： 长征五号遥运载火箭
目标任务： 取回月壤

① 火箭发射

② 环月飞行

多次调整轨道后，嫦娥五号在月球附近多次点火"刹车"，成功进入预定轨道，绕月飞行。

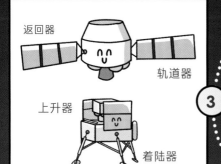

返回器

轨道器

上升器

着陆器

③ 着陆上升组合体与返轨组合体分离

着陆上升组合体与轨道返回组合体分离，并在月球表面的吕姆克山脉北部成功降落。

④ 钻取样品

着陆上升组合体在月表下 2 米左右的地方完成钻探和机械臂挖取，并将样本保存到密封的贮存装置中。

快看，拿到月壤了！

哈哈，这是在"打包"要带回地球的"土特产"啊！

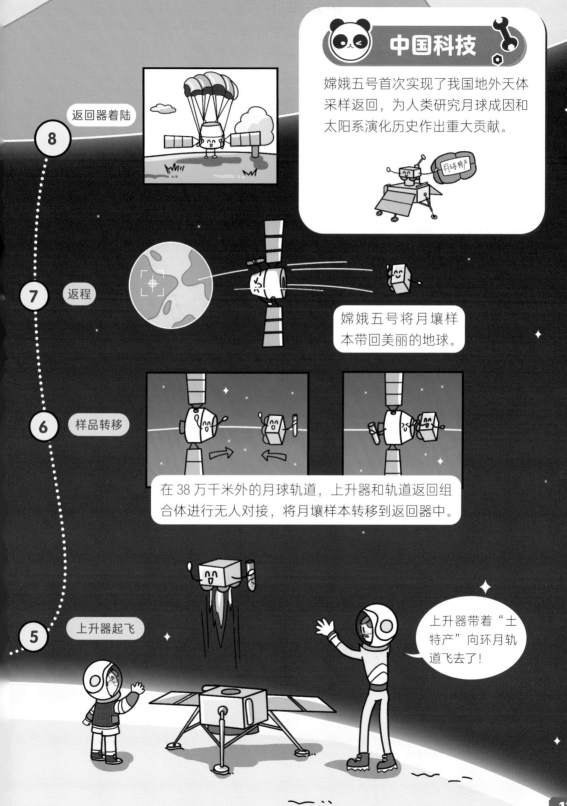

中国科技

嫦娥五号首次实现了我国地外天体采样返回，为人类研究月球成因和太阳系演化历史作出重大贡献。

月球特产

8 返回器着陆

7 返程

嫦娥五号将月壤样本带回美丽的地球。

6 样品转移

在 38 万千米外的月球轨道，上升器和轨道返回组合体进行无人对接，将月壤样本转移到返回器中。

5 上升器起飞

上升器带着"土特产"向环月轨道飞去了！

我国希望在 2030 年之前，通过探月工程四期任务，分几次在月球着陆，并在月球的南极建立月球科研站基本型。

探月四期工程为什么这么关注月球的南极呢？

探测发现，当覆盖月球北极的干冰层随季节转换而消失后，冰层下面的大片区域表现出富含地下冰冻水的特征。如果冰冻水真的存在，将会成为未来人类移居月球的重要资源！

其实，已经发射的嫦娥四号也属于四期工程的一部分。目前，还有嫦娥七号、嫦娥六号和嫦娥八号，将依次前往月球完成探月任务。

嫦娥四号：
月背着陆

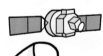

嫦娥七号：
前往月球南极

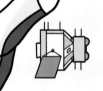

嫦娥六号：
月球南极采样

嫦娥八号：
在月球建立科研站的基本型

二叔，你看这颗星球生锈了！

它是八大行星之一——火星，只有地球的六分之一大，因表面被赤铁矿覆盖，所以看起来像生锈了一样。我国的祝融号火星车已在 2021 年 5 月登陆火星。

火星是距地球第二近的行星，和地球一样，它的表面也有一层大气包裹，只是大气更稀薄。

这颗"生锈行星"上也分布着高原、平原、峡谷和环形火山。

这里的温度和地球上差不多！

白天，火星的温度可达到 20℃ 左右，晚上可能降到 -140℃，但这已经比太阳系的大多数行星舒适很多了。而且，火星上也有四季的变化。

地球附近的其他行星，有的太冷，有的太热，有的经常下酸雨，还有的根本就没有固态的稳定外壳。

水是生命得以存续的重要资源，火星上很可能有固态水存在。

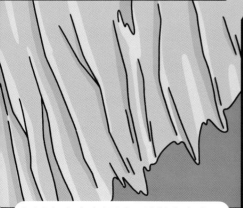

经过多次太空探测，科学家在火星上拍到了类似水冲刷痕迹的照片。

中国科技

我国的祝融号火星车采用了与火星光谱匹配、防尘的太阳能电池，并针对火星大气进行了隔热设计。这些技术上的突破，才使得它能够完成既定任务。

寻找生命存在的原始痕迹，是火星探测的目标之一，也是人类寻找宇宙中生命的第一步。

火星的北半球大部分是海洋，南半球大部分是陆地，这一点和地球恰恰相反。那么，火星是地球的过去还是地球的未来呢？

还要弄清楚，火星中的水去哪里了。

是深埋在火星地下吗？

还是变成其他形态"逃跑"了？

以前火星上的磁场很强，现在为什么变弱甚至消失了？

是因为经历了撞击吗？

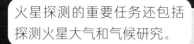

火星探测的重要任务还包括探测火星大气和气候研究。

救命，这沙尘暴一刮就是几十天！我得好好侦查一下。

由于火星大气稀薄，而且没有臭氧层，太阳紫外线几乎可以杀死火星上的一切生物。

同时，太阳辐射到火星表面的能量得不到有效保护，火星上的平均温度为 -55℃，实在是太冷了。

还要考察土壤和岩石！

有的地方土壤营养含量高，适合种庄稼。

有的地方土质细密结实，适合建房子。

我国的火星探测器天问一号在最佳窗口期，也就是太阳、地球和火星在同一直线的时期，进行了发射。

这时发射探测器，飞行距离最短，也最节省燃料。

天问一号小档案

发射时间： 2020 年 7 月 23 日
发射场地： 文昌航天发射场
搭载火箭： 长征五号遥四运载火箭
目标任务： 实现绕、落、巡

2020 年 7 月，天问一号乘坐"胖五"在文昌发射场顺利升空。

去一个未知的环境，大气、重力、光照等都对航天器的设计提出了更高要求。这是一项全新的挑战！

地火转移段

深空机动

交汇点

距地球 1940 万千米的深空中，天问一号在当前轨道与火星轨道的交汇点"急刹车"，然后转移到火星的轨道上。

制动捕获

天问一号进入火星引力范围后，在近火点"刹车"，让自己减速，被火星引力"抓住"。现在，天问一号成为一颗绕着火星转的"卫星"了！

离轨着陆段

段

停泊轨道：着陆器将与轨道器分离，着陆器执行火星着陆任务

遥感轨道：开展火星全球遥感探测

中继轨道：轨道器则继续留在火星轨道进行中继通信和科学探测任务

科学探测段

捕获轨道：制动捕获只有一次机会，风险很大

进入停泊轨道

在停泊轨道运行期间，天问一号会在携带装备的帮助下睁大"眼睛"，仔细检查火星地貌是否平坦、有没有沙尘暴等情况，为着陆作好准备！

经过 4.75 亿千米的飞行，天问一号终于到达火星附近，即将着陆！

已发送，剩余 18 分钟到达

科学家的指令没办法及时传达，天问一号只能依靠自己确定着陆位置。科学家给天问一号传递一条消息，有 18 分钟的"时差"！

慢点儿慢点儿！

天问一号在 7 分钟内，运用多种减速方式，将速度从 20000 千米 / 秒下降到 0 千米 / 秒。

速度 20000 千米 / 秒

天问一号怎么知道这样可以安全着陆呢?

以前的火星探测器为了在下降过程中"刹车",想出了各种办法!

空中吊车式: 探测器在距离火星表面 1.4 千米时开启制动火箭,逐渐减速,后在火星表面 20 米处悬停,探测器会用绳索吊着火星车,"速降"到火星表面。

气囊式: 进入火星后,探测器先打开降落伞减速,接着点燃减速火箭。气囊包裹着火星车着地后,在火星表面弹跳、翻滚,最终"破壳而出"。

喷气反推式: 着陆过程中,小型火箭引擎向下喷出气流,"刹车"减速。探测器调整形态后,完成着陆。

天问一号参考了多种着陆方式!

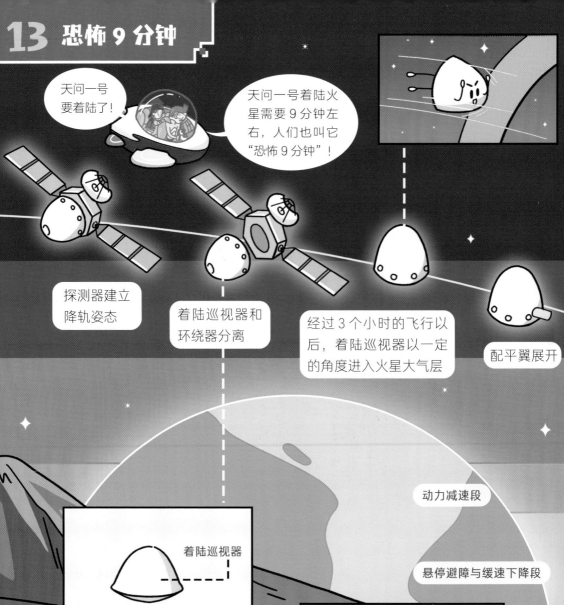

天问一号要着陆了!

天问一号着陆火星需要 9 分钟左右，人们也叫它"恐怖 9 分钟"!

探测器建立降轨姿态

着陆巡视器和环绕器分离

经过 3 个小时的飞行以后，着陆巡视器以一定的角度进入火星大气层

配平翼展开

动力减速段

悬停避障与缓速下降段

着陆巡视器

环绕器

乌托邦平原

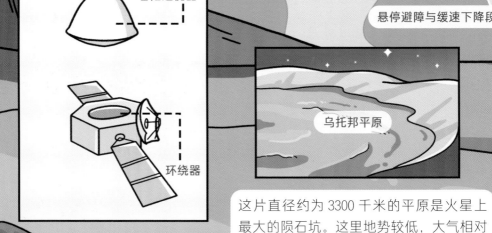

这片直径约为 3300 千米的平原是火星上最大的陨石坑。这里地势较低，大气相对比较稀薄，更加有利于探测器的降落。

进入舱

火星车

100 米

气动减速段

伞系减速段

进入舱背部的降落伞弹出，开伞减速

天问一号上的隔热设备——大底脱离

分别抛离具有减速作用的降落伞和隔热的背罩

点燃发动机减速，利用发动机悬停，对火星表面成像，确定最终降落地点

最终，天问一号在火星上最大的平原——乌托邦平原降落

到站下车，开始巡视！

火星上四季分明，深秋时节，火星接收到的太阳光会减少很多，火星车只能断电"冬眠"，等待温度回升。

二叔，火星上的环境也太糟糕了！火星车在这里巡视会不会很困难？

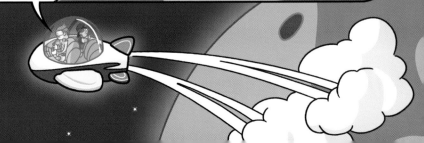

是啊，火星车的太阳能板如果被沙尘覆盖，接收到的太阳能会大大减少！只能在原地"睡一觉"，等待沙尘暴过去。

火星上的通信信号很弱，火星车向科学家传递信息时，需要"伸出"定向天线发射信号。

这时，一直在轨道上绕着火星拍照、做实验的环绕器就充当了火星车的中继通信卫星，将这些信息发给地球上的深空探测网。

深空探测网由一个个深空探测站组成，它们是控制火星探测器的风筝线，也是观测火星的"千里眼"和"顺风耳"。

咱俩先拍张合影，发给科学家们报平安！

太阳能板

定向天线

"身高"：1.85 米
"体重"：240 千克

平均速度每小时 40~50 米

转向轮

导航地形相机

多光谱照相机

可以探测火星表面的物质组成。

表面成分探测仪

可以拍照，也可以在火星车前进的时候查看"路况"。

我可不是孤军奋战，它们都是我的好帮手！

磁场探测仪

次表层探测雷达

火星气象测量仪

可以测量火星表面的温度、湿度、气压、风速和磁场等情况。

可以探测火星表面 100 米以下的地层。

2021 年 5 月 22 日，祝融号开始在火星表面巡视。它的设计寿命原本只有三个火星月（约地球上的 92 天），但实际寿命远超了它的设计寿命。

着陆点

祝融号火星巡视路线

二叔，祝融号还会回到地球吗？

不会，祝融号会一直在火星上工作到最后一刻。不过，根据计划，祝融二号会在巡视火星并采样以后回到地球。

 中国科技

天问一号在首次火星探测中一步实现"绕、落、巡"，这是世界上的首次。

中国也成为世界上第三个实现火星表面软着陆和同时运行月球车、火星车的国家。

太阳是个超大号的气体恒星，表面温度高达 6000 K，即超过 5000℃。太阳系的其他行星都围绕它转动。

太阳是个大家伙，它有 33 万个地球那么重，有 130 万个地球那么大！

太阳的质量：
1.989×10^{30} 千克
太阳的体积：
1.412×10^{18} 千米^3

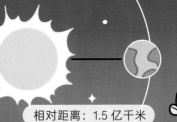

相对距离：1.5 亿千米

如果没有太阳，地球上的所有生物都将灭绝。

我们的生活与太阳息息相关，我们目前使用的绝大部分能源都来自太阳辐射能。

植物也要靠太阳进行光合作用！

太阳是距离地球最近的恒星，与人类关系也最密切。探日对研究地球的演化和人类文明的发展有着重要作用。

太阳爆发会抛射出大量的带电高能粒子，破坏地球的磁场，给地球和人类带来伤害。只有进一步了解太阳，才能尽量减少伤害。

我们为什么诞生在地球上？

我为什么长这样？

太阳爆发　　地球磁场

带电粒子群

有太多问题需要我们进一步去探日才能解决。

中国科技

羲和号实现了我国太阳探测零的突破，标志着我国正式步入"探日"时代。

探日实在是太酷了！

是的。可探日也是一件很危险的事情！

克服太阳巨大的引力，在平衡状态下飞行也很艰难！

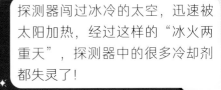

探测器闯过冰冷的太空，迅速被太阳加热，经过这样的"冰火两重天"，探测器中的很多冷却剂都失灵了！

怎样与地球保持通信，也是一大难题。探测器遇到问题，给科学家发出的"求救"信号，8分钟后才能被收到！经过这么长时间的"时差"，科学家反馈的指令，对探测器来说已经来不及了！

我要脱轨了！

8分钟后……

救命——

快减速！

8分钟后……

——快减速！

羲和号是我国第一颗太阳探测实验卫星，运行于高度为517千米的太阳同步轨道。

莱曼阿尔法太阳望远镜：观测日冕物质抛射情况。

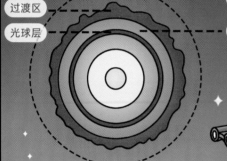

过渡区
光球层
日冕
色球层

日冕：指太阳大气的最外层，厚度可以达几百万千米以上。

硬X射线成像仪：观测太阳耀斑爆发的非热现象。

耀斑：是在太阳的盘面或边缘被观测到的突发闪光现象，它会释放出巨大的能量。

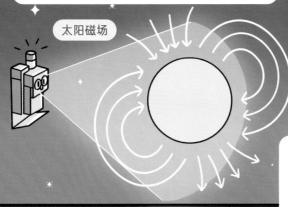

全日面矢量磁像仪：观测太阳磁场的变化。

太阳磁场

太阳磁场：主要在太阳大气层中。太阳内部或日冕外的磁场很弱。

我们的"夸父计划"也在准备中。未来，"夸父计划"将带着更先进的设备探测太阳风暴、空间环境和地球极光等现象！

此次探日活动将获得太阳爆发时的大气温度、速度等物理量的数据，这对研究太阳爆发的动力学过程及物理机制都有很大帮助。

中国科技

羲和号开展的相关试验，也是国际上第一次在太空进行 Hα 谱线研究。

目前，每年至少可以观测到一次木星表面的撞击事件。未来，航天探测还会去探测木星、小行星等天体，这将是更大的挑战。

我飞不上来啊！

木星轨道本身的能量很大，目前的发射能力很难让探测器顺利进入轨道。

是小行星！

看，它在探测什么？

小行星是一些没有完全形成的行星，特别小的小行星只有鹅卵石大。

小行星的"个头"比较小，探测过程中需要探测器多次变轨"附着"其上，一不小心可能会把这些"小不点"撞飞！

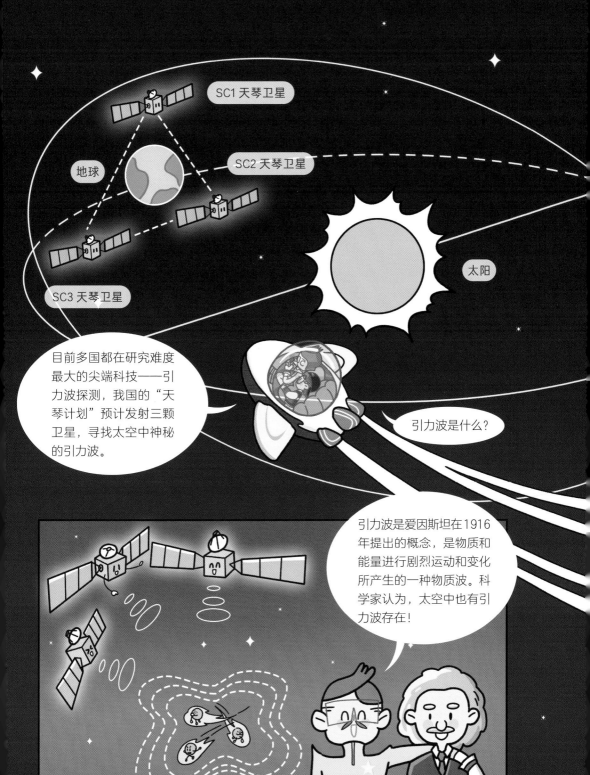

SC1 天琴卫星

SC2 天琴卫星

地球

SC3 天琴卫星

太阳

目前多国都在研究难度最大的尖端科技——引力波探测，我国的"天琴计划"预计发射三颗卫星，寻找太空中神秘的引力波。

引力波是什么？

引力波是爱因斯坦在1916年提出的概念，是物质和能量进行剧烈运动和变化所产生的一种物质波。科学家认为，太空中也有引力波存在！

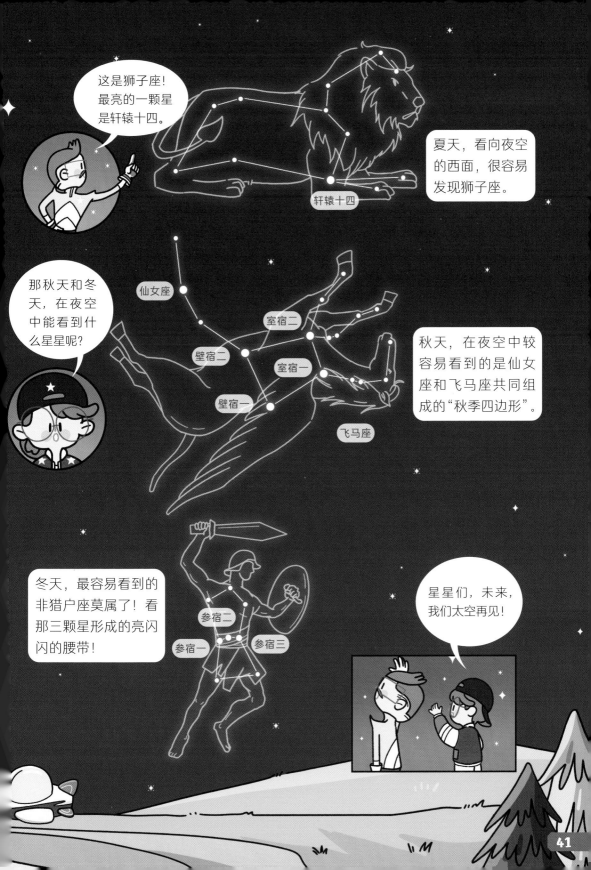

懂懂鸭
知识问答

问题 1: 玉兔号为什么穿着金光闪闪的外套

回答: 因为月球白天的阳光太强了, 穿一身亮闪闪的外套, 反射大量阳光, 这样玉兔号就不至于在白天太热, 降低白天和晚上的温差。同时, 月球上还有很多辐射, 这件金色的外套可隔离开多种辐射。

问题 2: 月食是什么?

回答: 月食是一种天文现象, 一般发生在农历十五前后。当太阳、月亮和地球恰巧在同一条直线上时, 原本照射在月球上的太阳光会被地球遮挡, 月球部分或者全部处在地球的阴影中。按照月球受地球遮挡的大小, 可以分为月全食、月偏食和半影月食。

问题 3: 月球上的艾特肯盆地, 是如何命名的?

回答: 罗伯特·格兰特·艾特肯是美国著名的天文学家、双星领域的专家, 一生发现了 3000 多颗双星。人们为了纪念他在天文领域的卓越贡献, 将月球南极的盆地用他的名字命名。我国的嫦娥四号就是在这里降落的。

问题 4：长征五号系列运载火箭为什么叫 "胖五"？

回答：不仅因为长征五号系列运载火箭（"腰围"16 米左右）与其他火箭（"腰围"10 米左右）相比粗壮很多，还因为"胖五"的力气很大！通常，我国火箭的最大运载能力是将 8.8 吨的物体送往距离地球三四百千米的近地轨道，而"胖五"可以运送 25 吨的物体！"胖五"是我国首枚大型运载火箭，火星探测、载人空间站等任务都是它完成的！

问题 5：小行星撞击地球怎么办？

回答：据世界天文学家组织的"天空卫士"调查显示：未来几百年内，不会有直径大于 1 千米以上的小行星撞击地球。不过，为了避免未来某一天小行星撞击地球，科学家也想出了很多办法。例如，在小行星的轨道上引爆核弹，让小行星蒸发掉；用火箭拦截或者撞击小行星，让它偏离原有的轨道等。

作者团队

懂懂鸭是飞乐鸟品牌旗下的儿童原创品牌，由国内多位资深童书编辑、插画师、科普作家协会成员组成，懂懂鸭专注儿童科普知识的创新表达等相关研究，坚持做中国个性的儿童原创科普图书，以中国优良传统美德和深厚的文化为核心，通过生动、有趣的原创插画，将晦涩难懂的科普百科知识用易读、易懂的方式呈现给少年儿童，为他们打开通往未知世界的大门。近几年自主研发一系列的童书作品，获得众多小读者的青睐，代表作有《国宝有话说》《好吃的中国》等，并有多个图书版权输出到日本、韩国以及欧美的多个国家和地区。

图书在版编目（CIP）数据

航天探测 / 懂懂鸭著. --北京：电子工业出版社，2023.10

（奇迹中国：无所不在的中国科技）

ISBN 978-7-121-46446-1

Ⅰ.①航…　Ⅱ.①懂…　Ⅲ.①航天工程－中国－少儿读物　Ⅳ.①V4-49

中国国家版本馆CIP数据核字（2023）第189639号

责任编辑：董子晔

印　　刷：北京缤索印刷有限公司

装　　订：北京缤索印刷有限公司

出版发行：电子工业出版社

　　　　　北京市海淀区万寿路173信箱　邮编：100036

开　　本：889×1194　1/16　　印张：27.5　字数：511.5千字

版　　次：2023年10月第1版

印　　次：2023年10月第1次印刷

定　　价：200.00元（全10册）

凡所购买电子工业出版社图书有缺损问题，请向购买书店调换。若书店售缺，请与本社发行部联系，联系及邮购电话：（010）88254888，88258888。

质量投诉请发邮件至zlts@phei.com.cn，盗版侵权举报请发邮件至dbqq@phei.com.cn。

本书咨询联系方式：（010）88254161转1865，dongzy@phei.com.cn。

奇迹中国
无所不在的中国科技

脑机接口

懂懂鸭 著

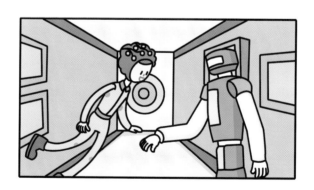

电子工业出版社

Publishing House of Electronics Industry

北京·BEIJING

推荐序

科技作为国之利器，是为中国制造业注入的一股活力，是打开未来之门的一把钥匙。这样听起来，科技好像离我们很遥远？其实，在家里和我们"聊天"的语音助手是科技，商店里用来结账的人脸支付是科技，为通信网络保驾护航的人造卫星也是科技……可以说科技无所不在。从小到大，我们身边的科技产品仿佛有魔力般改变着我们的生活，给我们带来了便捷、创造力和无数的乐趣。但是，你有没有想过这些神奇科技背后的秘密？

《奇迹中国 无所不在的中国科技》这套书通过十大主题的方式讲解了目前最热门的十大科技领域，用全新的漫画形式将复杂的科学原理转化成通俗易懂的故事，每一页都充满着创意和惊喜。比如，可以跟着纳米机器人进入人体内部一起"工作"，也可以看"生病"的量子计算机如何被治愈，还能去"未来动物园"看如何借助基因编辑复活灭绝动物……此外还有仿生机械、脑机接口、航天探测等主题，一个个鲜活的科技世界呈现在我们的面前。

同时，这套书也是我们国家科技发展的一次全面展示，配套的"中国科技"小栏目，不仅反映了我们中国人不断超越自我、超越梦想的伟大精神，也更清晰地呈现出中国科技的发展历程和未来趋势，从而让我们树立强国自信。不信你看，年轻的北斗卫星让中国成为全球第三个可以提供卫星导航系统服务的国家；全球首台人工神经机器人——神工一号，让中国实现了用意念控制瘫痪肢体做出动作反应的重大医疗突破……

因此，通过这套书你们会认识到，我们每个人都可以把对科技的兴趣和热爱转化为强大的力量，成为科技的先驱者，在未来的科技领域有所成就，为我们的国家贡献更多的力量。

让我们一起为中国的科技事业加油，为我们的未来加油！

胡垚

中国生物信息学会会员

参与江苏省"肿瘤早筛研究"项目

尽情享受奇妙的大自然吧！祝你们儿童节快乐！

2060年的儿童节，"奇妙大自然"博物馆营业了，二叔赶紧带着畅畅去参观。进门前，每个人领到了一顶样子奇特的小帽子。

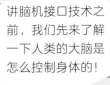

讲脑机接口技术之前，我们先来了解一下人类的大脑是怎么控制身体的！

二叔，您说的脑机接口是什么呀？

大脑主要是由神经细胞组成的，神经细胞连接成神经网络，这些网络就像信息高速公路，我们看到、听到、感觉到的信息都经过它们传给大脑，大脑进行整理后，把指令分配给分管不同身体部位的神经网。

我们的大脑像一个指挥中心，这里有很多指挥官，负责控制人体的不同部分。

听觉神经小人　　嗅觉神经小人

视觉神经小人

其实我们还有很多伙伴，每个人都在各自的岗位上工作。

这下能给我讲讲什么是脑机接口了吧？

脑机接口就是指把大脑和外部机器设备相连接，机在这里是指机器。

你看那位瘫痪的病人，因为受到外界重创神经受损，肢体的神经与大脑神经联系不上，大脑就很难控制肢体活动。

手部还是失控！这可怎么办？

神经是人脑和身体之间的通信兵，如果神经受损，人体的行动就会出现故障。

医生正在给病人安装脑机接口设备！

脑机接口有什么用呢？

脑机接口在这里就相当于我们的神经!

可以把脑机接口设备想象成"电话线","电话线"的一端连着人脑,收集信号并解码;另一端连着外界设备,将收集到的信号重新编码成计算机能够理解的信息,再根据这个信息发出"指令"。

呼叫大腿,呼叫大腿,抬高点儿,再高点儿!

当然是因为我们遇到了一些需要解决的问题!

这么厉害的设备是怎么发明出来的呢?

中国科技

2020 年,中国利用脑机接口技术实现了高位截瘫患者用意念控制机械臂,并完成握手、进食等动作,这是脑机接口在医疗实践领域的一项重要突破。

科学家观察到日常生活中有很多难题，就想参考脑神经的原理，发明一种技术帮助人类解决相关的问题。

遇到了哪些难题呢？

你看病床上的老人瘫痪了，旁边的桌上放着饭菜，但他无法自己进食。

哎，好想自己吃饭啊！

爷爷，我喂你吧，希望你的身体早点儿好起来！

一些瘫痪的病人生活无法自理，身心都承受着巨大的痛苦。

非侵入式

半侵入式

侵入式

头皮

软组织

头骨

硬脑膜

皮层

根据"电话线"一端收集信号的位置不同，目前大脑和机器有三种连接方式。

非侵入式

头皮

软组织

头骨

获取脑电图的仪器是最典型的非侵入式脑机接口之一，在头皮表面就可以采集信号，不用破坏头皮。

清洁头皮　　　调试设备　　　保持稳定

做脑电图前，还需要做一些准备工作，比如清洁头皮和调试设备，这通常需要花费一定的时间。

佩戴这种脑机接口还需要保持静止状态，否则身体微小的动作都会产生噪声，对信号采集产生干扰！

非侵入式脑机接口技术中，最典型的是通过脑电图技术采集脑部信号。方法很简单，把电极阵列贴在头皮上，可同时采集、分析多个位置的信号。

脑电图可以将脑细胞的电活动信号放大，并把它呈现出来。

非侵入式脑机接口也有缺点，就是有时得到的信号质量不高，且使用前需要对仪器进行校准。

那半侵入式脑机接口从哪里采集脑电信号呢？

在头皮和大脑皮层之间！

半侵入式

头骨

硬脑膜

皮层

安装半侵入式脑机接口时，需要将其植入头皮和大脑皮层之间，植入过程对大脑皮层造成伤害的风险较低，也不容易引起人体的免疫反应。

同时，没有了头骨和头皮的阻隔，电极直接与大脑皮层接触，采集到的信号质量比非侵入式脑机接口更好。

半侵入式脑机接口一般是用平面电极覆盖在大脑皮层表面，收集脑部信号。

侵入式

头骨

硬脑膜

皮层

还有一种方式是什么呢?

在皮层内部采集信号!

在皮层组织内部侵入式的脑机接口得到的信号质量比前两种要更高。

没错!

二叔,这是给猕猴的大脑接入了侵入式脑机接口吗?

犹他阵列电极

2mm

犹他阵列电极是一根根针组成的一簇针丛似的电极。与一般电极相比,体积更小、密度更大,对人体的损伤更少。

侵入式脑机接口需要通过手术在大脑皮层内部植入电极或芯片,采集和监测大脑局部的信号,比较典型的是犹他阵列电极。

科学家会在人脑中植入犹他陈列电极，并从电极上牵出一根导线。最后将设备与颅骨上的电极相连，就可以通过设备看到脑电数据了。

为了提高效率，科学家还发明了更加小巧的设备！

我可以发现比你多得多的信号！

就像网络从 4G 升级到 5G ！

可扩展高宽带脑机接口系统不仅更加小巧，而且在探针相同的情况下，可以收集到更多脑信号。

在植入皮层内部侵入式脑机接口时需要做开颅手术，将探针植入大脑皮层中，这可能会使一些脑细胞坏死，对人体伤害较大。

中国科技

皮层血管成像和可视化技术可以最大程度地减少深度电极植入过程中的颅内出血情况，是我国在神脑刺激领域取得的重大突破。

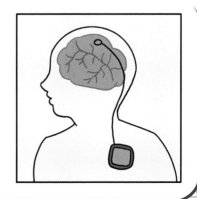

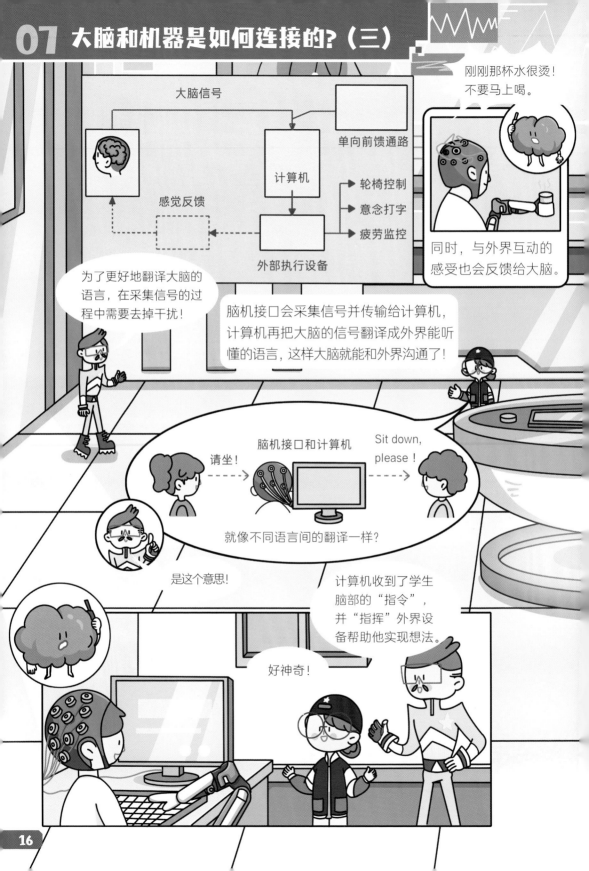

大脑信号

单向前馈通路

计算机

感觉反馈

轮椅控制

意念打字

疲劳监控

外部执行设备

刚刚那杯水很烫! 不要马上喝。

同时, 与外界互动的感受也会反馈给大脑。

为了更好地翻译大脑的语言, 在采集信号的过程中需要去掉干扰!

脑机接口会采集信号并传输给计算机, 计算机再把大脑的信号翻译成外界能听懂的语言, 这样大脑就能和外界沟通了!

脑机接口和计算机

请坐!

Sit down, please!

就像不同语言间的翻译一样?

是这个意思!

计算机收到了学生脑部的"指令", 并"指挥"外界设备帮助他实现想法。

好神奇!

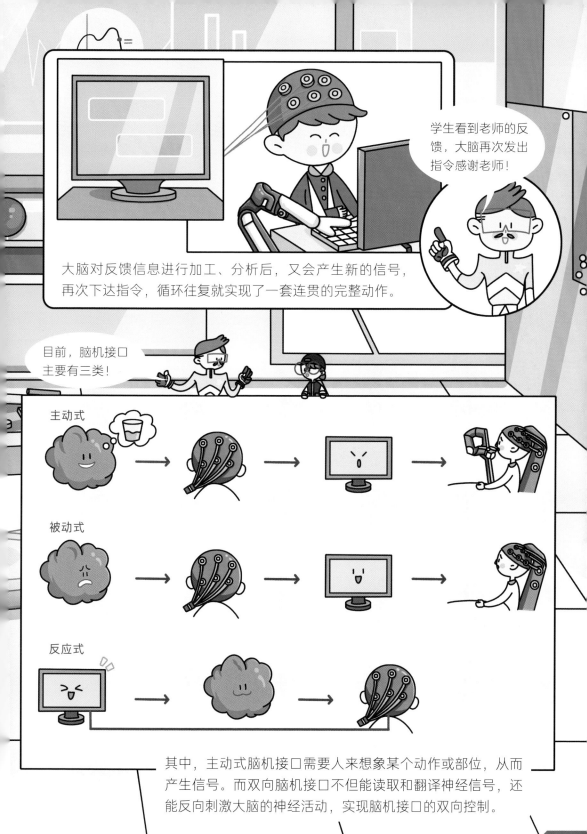

学生看到老师的反馈，大脑再次发出指令感谢老师！

大脑对反馈信息进行加工、分析后，又会产生新的信号，再次下达指令，循环往复就实现了一套连贯的完整动作。

目前，脑机接口主要有三类！

主动式

被动式

反应式

其中，主动式脑机接口需要人来想象某个动作或部位，从而产生信号。而双向脑机接口不但能读取和翻译神经信号，还能反向刺激大脑的神经活动，实现脑机接口的双向控制。

二叔，脑机接口是什么时候发明的？

1924 年，德国一位精神科医生发现了病人头部的细小电流，这是人类迈向脑机接口的第一小步。

1969 年，科学家将一个仪表盘和猴子的神经元连接起来，想看看会发生什么。

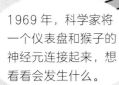

指针在动！

科学家发现猴子的特定思考会引起仪表盘指针的转动，后来，科学家尝试通过用猴子大脑的电信号控制外部设备！这时，脑机接口才从设想走向实践。

点中文件夹，成功了！

2006 年，首个大脑运动皮层脑机接口设备植入手术成功完成，手术后，病人可以用意念控制光标。

2012 年，瘫痪病人在侵入式脑机接口的帮助下，可以用机械臂做更多、更复杂的动作，比如吃巧克力！

中国科技

2016 年，中国天宫二号实验室在太空开启脑机接口实验。这也是人类历史上首次完成太空脑机接口实验，开启了世界范围内航空航天事业的新篇章。

在 2014 年巴西世界杯开幕式上，一位高位截瘫的青年在脑机接口和人工外骨骼的辅助下，开出了第一球！

2021 年，经过一年多的反复测试，一名中风患者通过接入大脑皮层侵入式脑机接口，可实现日常生活中的简单对话。

这对于丧失语言能力的人来说，简直太重要了！

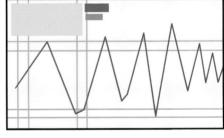

2020 年，美国企业家埃隆·马斯克展示了接入脑机接口的小猪，并解说植入手术无须全身麻醉，只需机器人操作 1 小时就能完成。

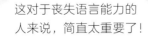

我国的脑机接口技术目前主要应用于医疗领域，比如康复机器人和护理机器人！

康复机器人

护理机器人

2016 年，我国启动脑计划，先后在北京、上海建立脑科学研究中心。虽然我国脑机接口技术起步较晚，但受到国家的高度重视，发展迅速。

中国科技

2022 年，我国成功研发出了一种脑机接口柔性电极。这种电极延展性强，即便在脑干等不规则空间也不容易损坏，而且能紧密贴合到连接区域，精准度极高。

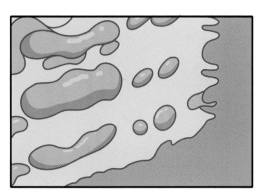

失去语言能力的病人，可以通过脑机接口拼写器，用意念与外界交流。

二叔，机器人在给轮椅开门！

这个机器人可以通过脑机接口共享病人的想法，节约了时间，病人也更加轻松自如！

脑机接口极大提高了病人的生活质量，也为家属减轻了负担！

轮椅可以感知病人的想法，比如想去哪里，还会自动规划路线，保证病人出行安全。

中国科技

2014年，全球首台"纯意念控制"人工神经机器人——"神工一号"在我国研制成功。不需要在脑中植入芯片，即可用意念控制瘫痪的身体做出相应动作，真正做到了"思行合一"。

Hello!

喂？怎么不说话？

脑梗塞患者指挥手指动作的神经通道被损伤，大脑无法指挥身体行动。

信号采集

"翻译"意图

康复器械训练能让病人的手指动起来吗？

下达运动"指令"

当然！

病人佩戴的康复器械可以采集人脑中"如何运动"的信号并进行翻译，再通过操控机械臂，让病人的手指活动。手指动的时候又会对大脑产生一个反馈。不断重复这个过程，受损的运动神经也在修复，进而指挥手指运动。

她想借助辅助器站起来!

她想做什么?

喂,向前走!

是,收到指令!

站起来了!她在辅助器的帮助下站起来了!

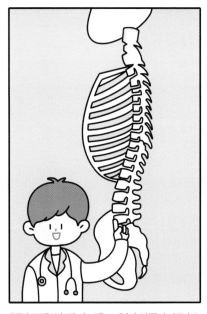

腰部受到重击后,脑部通向腿部的信息传递"公路"断掉,虽然还有部分神经纤维没有完全断掉,但传递信息的能力变弱。

脑机接口设备绕过受伤的神经通路,在脑部和腿部间架起一条信息传递的"高速公路",帮助脑部向腿部传达"指令"。同时,还可刺激受损脑神经,恢复部分脊髓对动作指令的传达能力。

中国科技

2018 年,我国首台"脑机接口康复训练系统"获国家食品药品监督管理总局认证。它通过虚拟现实动画场景刺激患者进行重复的运动想象,帮助患者完成康复动作。

脑机接口在学校的心理咨询中也会用到！

老师正在通过脑机接口设备，"监视"同学的大脑活动。

脑机接口采集到大脑活动数据后，提取出需要的数据，再反馈给学生，学生就可直观地"看"到自己的脑活动了。

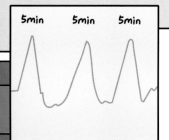

5min　5min　5min

你看，这有几处峰值，说明你走神儿了！

有实验人员要去实验室做脑机接口实验，正好去看看！

嗯，看来以后每过几分钟我要提醒自己集中注意力！

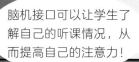

脑机接口可以让学生了解自己的听课情况，从而提高自己的注意力！

二叔，这是什么？

这是脑立方，一种处理脑部信号的脑机接口设备！

脑机接口和虚拟现实技术结合，可帮助人们进行冥想训练，从而减轻压力，甚至改善抑郁症状。

信号采集　　蓝牙传输

指令翻译

系统反馈

映射

我们不仅可以通过虚拟现实设备看到你想象的场景，还可以用手柄进行交互，控制场景中的物体！

虽然是想象的场景，应该也可以得到放松！

脑立方采集到人脑信号后，通过蓝牙将信号传输到计算机中，然后利用计算机中的软件，建立冥想中的场景。

中国科技

2013 年，我国首个治疗帕金森病的脑起搏器上市，打破了其他国家的技术垄断，甚至在性能、体积、重量、寿命、价格等方面都更优，是我国脑机接口应用领域的重要突破。

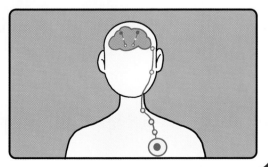

脑机接口和物联网结合，在居家生活中的使用越来越广泛。

通过提前采集某些特定情况下，比如想拉窗帘时的脑信号，进行训练，当脑机接口再次采集到相同信号时，就会认为是在发出"拉窗帘"的指令。

机械手臂真聪明！

人在想象某一运动时，脑电波会呈现出一定的特征，计算机分析脑电波，得知大脑的意图后，会把大脑的意图转化成指令。

中国科技

2022 年，我国完成了首例基于闭环脑机接口神经刺激器植入手术，这意味着我国具有自主知识产权的脑机接口技术即将可以进行临床试验，普通人使用脑机接口将指日可待。

你知道吗？学校里也可以使用脑机接口！

同一位数学老师讲同一道题，两位同学的反应很不同！

没错，脑机接口设备还可以根据学生的理解和认知状态，设计更加个性化的教学方案和学习计划。

脑机接口通过交互控制将大脑状态转化成新的信号，用于评估大脑的认知状态。根据学生们的大脑认知状态，老师可以因材施教，寻找更合适的教学方式。

老师，《悯农》的"悯"字是什么意思？

通过脑机接口设备，说话有障碍的孩子可以将自己的想法表达出来。

锄禾日当午，汗滴禾下土。

锄禾日当午，汗滴禾下土。

脑机接口应用在人工耳蜗当中，可以将从外界听到的声音，传递到大脑皮层，让有听力障碍的小朋友也能听到别人说的话。

中国科技

2021 年，广义脑机接口技术 3I 模型的提出，指明了我国脑机接口未来的发展方向。其中脑机智能是指人工智能和人类智能融合协同工作，更具优势。

Interface
（接口）

3I

Interaction
（交互）

Intelligence
（智能）

脑机接口真的能让我们"心想事成"，好像没有任何缺点。

中午想吃鸡腿！

上课要注意听讲，不要总是想着吃鸡腿！

脑机接口监测到的神经生理数据，是我们最为隐私的数据之一，随着脑机接口技术的发展，数据安全和隐私保护成为特别重要的问题。

脑机接口设备是挺好，就是戴着有点儿费劲！

脑机接口在我们日常生活中使用越来越广泛，但设备还不够舒适、便携和美观。尤其是需要做开颅手术植入电极的侵入式脑机接口，会给使用者带来诸多不便。

当然有缺点！脑机接口作为新近发展起来的技术，也有许多问题亟待解决！

哎，你怎么能打开电视？

不同的人控制电视的脑电信号不同，所以脑机接口采集分析得到的结果也不同，因此会有不同的结果。

想要收集高质量的脑部信号，需要在脑部植入电极。但是开颅手术对人体的伤害很大，有很多伤害是不可逆的，还有可能引起后遗症。

科学家为了改善这一情况，已经在尝试研发纳米探针，用来收集脑部信号。

中国科技

2022 年，一名难治性癫痫患者施行了闭环反应性神经刺激系统 Epilcure 注册临床试验植入手术。这标志着我国首例"脑机接口"反应性闭环神经刺激系统植入手术顺利完成。

快到终点了，加速！

在冲刺阶段，脑机接口怎么控制车速呢？

赛车手脑部想象提速的场景，脑部信号传递给计算机，计算机将信号处理以后，向无人赛车发出"加速"的命令。

冠军诞生了！

哈哈哈，太棒了！

通过脑机接口驾驶汽车，但可以减少人脑反应到动作执行过程中的"时差"，降低事故率，而且司机可以足不出户送乘客到达他们想去的地方。

中国科技

2022 年 6 月，我国首次在羊脑血管内完成了传感器植入，并成功采集到了羊的脑电信号。这解决了侵入式脑机接口对脑区造成不可逆损伤的问题。

飞行员用意识控制战斗机飞离、转头、射击，这些决策、指令信息传递极快，几乎没有"时差"。

战士们可通过脑机接口控制装甲车的启动、行驶、加速、减速等，快速又精准。

战士们通过脑机接口控制机器人在战场上作战，甚至可以完成一些危险的谍报任务，大大增强了通信安全。

中国科技

我国研发的脑机接口装置汽车可以采集大脑信号，按照人脑的思维意识启动、加减速或转弯等，时速可以达到 5~10 千米，未来将在军事应用方面大显身手。

呀，机器人"醒"了，他在抖身上的土呢！

由脑机接口控制的机器人，不仅能应对火星上的意外情况，还能突破普通机器人的极限，在工程师的指挥下灵活地到火星远离太阳的一面去，进行更丰富的标本采集活动。

地球到火星的距离十分遥远，我们当然希望设备尽量轻便、有效！比如使用编解码集成芯片！

我反应快，不怕干扰！

脑机编解码集成芯片采集脑电信号时抗干扰能力更强，能让外部设备和大脑沟通更高效、深入。

二叔，机器人真厉害，能种植这么多种植物，一定掌握了很多种技术！

哈哈哈，其实都是地球上的专家指挥的。

不同领域的专家可以通过脑机接口操纵同一个机器人，在特定区域完成专业的种植工作。

懂懂鸭
知识问答

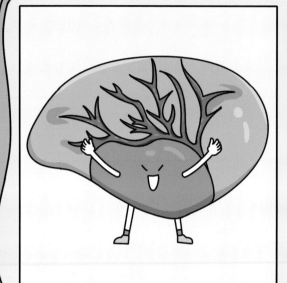

问题 1: 神经系统是一张连在一起的网吗?

回答: 不是。1887 年, 西班牙医生卡哈尔发现神经细胞会向四周伸出许多细小的"小手", 这些小手离得很近, 但却不是彼此连在一起的。这些"小手"就是后来神经学中常提到的"突起"。

问题 2: 大脑为什么没有左右各行其是?

回答: 我们都知道大脑分为左脑和右脑两部分, 左脑主管右半身的运动, 右脑主管左半身的运动, 是什么让它们两部分和谐相处, 没有"打架"呢? 原来左右脑之间由一个名叫胼胝体的组织连接, 胼胝体中有约 2 亿根神经, 无时无刻在传递着信息, 让左右脑更和谐。

向左走!

好的!

问题 3：爱因斯坦为什么如此聪明？

回答：作为 20 世纪最伟大的物理学家，爱因斯坦的智商远超常人，这可能与他"与众不同"的大脑有关。在爱因斯坦过世以后，医学家对他的大脑进行解剖，发现他大脑的重量远超常人，"中央沟"也比常人的更长、更曲折，而且神经胶质细胞的数量比常人的要多，这些都可能是他更聪明的原因。

问题 4：通过脑机接口，人类可以修改记忆吗？

回答：目前还不可以，未来实现的可能性也不是很大。想要修改记忆，核心技术在于把脑部的信号转化为计算机可以识别的电脉冲信号，但这项技术很难真正实现。同时，这项技术也涉及到人类伦理问题，如果可以随便修改别人的记忆，世界可能就要乱了！

问题 5：精神控制可以实现吗？

回答：很难。人脑具有一定的抽象认知能力，但脑机接口设备却很难理解抽象的东西。例如，你想通过脑机接口设备拿 6 颗樱桃，脑机接口的系统可能会认为要分 6 次，每次拿起 1 颗樱桃，而不是人类通常理解的一次拿 6 颗樱桃。

作者团队

懂懂鸭是飞乐鸟品牌旗下的儿童原创品牌，由国内多位资深童书编辑、插画师、科普作家协会成员组成，懂懂鸭专注儿童科普知识的创新表达等相关研究，坚持做中国个性的儿童原创科普图书，以中国优良传统美德和深厚的文化为核心，通过生动、有趣的原创插画，将晦涩难懂的科普百科知识用易读、易懂的方式呈现给少年儿童，为他们打开通往未知世界的大门。近几年自主研发一系列的童书作品，获得众多小读者的青睐，代表作有《国宝有话说》《好吃的中国》等，并有多个图书版权输出到日本、韩国以及欧美的多个国家和地区。

图书在版编目（CIP）数据

脑机接口 / 懂懂鸭著. --北京：电子工业出版社，2023.10

（奇迹中国：无所不在的中国科技）

ISBN 978-7-121-46446-1

Ⅰ.①脑… Ⅱ.①懂… Ⅲ.①脑科学－人-机系统－少儿读物 Ⅳ.①R338.2-49②R318.04-49

中国国家版本馆CIP数据核字（2023）第189637号

责任编辑：董子晔

印　　刷：北京缤索印刷有限公司

装　　订：北京缤索印刷有限公司

出版发行：电子工业出版社

　　　　　北京市海淀区万寿路173信箱　邮编：100036

开　　本：889×1194　1/16　印张：27.5　字数：511.5千字

版　　次：2023年10月第1版

印　　次：2023年10月第1次印刷

定　　价：200.00元（全10册）

凡所购买电子工业出版社图书有缺损问题，请向购买书店调换。若书店售缺，请与本社发行部联系，联系及邮购电话：（010）88254888，88258888。

质量投诉请发邮件至zlts@phei.com.cn，盗版侵权举报请发邮件至dbqq@phei.com.cn。

本书咨询联系方式：（010）88254161转1865，dongzy@phei.com.cn。

奇迹·中国
无所不在的中国科技

人工智能

懂懂鸭 著

电子工业出版社·
Publishing House of Electronics Industry
北京·BEIJING

推荐序

科技作为国之利器，是为中国制造业注入的一股活力，是打开未来之门的一把钥匙。这样听起来，科技好像离我们很遥远？其实，在家里和我们"聊天"的语音助手是科技，商店里用来结账的人脸支付是科技，为通信网络保驾护航的人造卫星也是科技……可以说科技无所不在。从小到大，我们身边的科技产品仿佛有魔力般改变着我们的生活，给我们带来了便捷、创造力和无数的乐趣。但是，你有没有想过这些神奇科技背后的秘密？

《奇迹中国 无所不在的中国科技》这套书通过十大主题的方式讲解了目前最热门的十大科技领域，用全新的漫画形式将复杂的科学原理转化成通俗易懂的故事，每一页都充满着创意和惊喜。比如，可以跟着纳米机器人进入人体内部一起"工作"，也可以看"生病"的量子计算机如何被治愈，还能去"未来动物园"看如何借助基因编辑复活灭绝动物……此外还有仿生机械、脑机接口、航天探测等主题，一个个鲜活的科技世界呈现在我们的面前。

同时，这套书也是我们国家科技发展的一次全面展示，配套的"中国科技"小栏目，不仅反映了我们中国人不断超越自我、超越梦想的伟大精神，也更清晰地呈现出中国科技的发展历程和未来趋势，从而让我们树立强国自信。不信你看，年轻的北斗卫星让中国成为全球第三个可以提供卫星导航系统服务的国家；全球首台人工神经机器人——神工一号，让中国实现了用意念控制瘫痪肢体做出动作反应的重大医疗突破……

因此，通过这套书你们会认识到，我们每个人都可以把对科技的兴趣和热爱转化为强大的力量，成为科技的先驱者，在未来的科技领域有所成就，为我们的国家贡献更多的力量。

让我们一起为中国的科技事业加油，为我们的未来加油！

胡垚

中国生物信息学会会员

参与江苏省"肿瘤早筛研究"项目

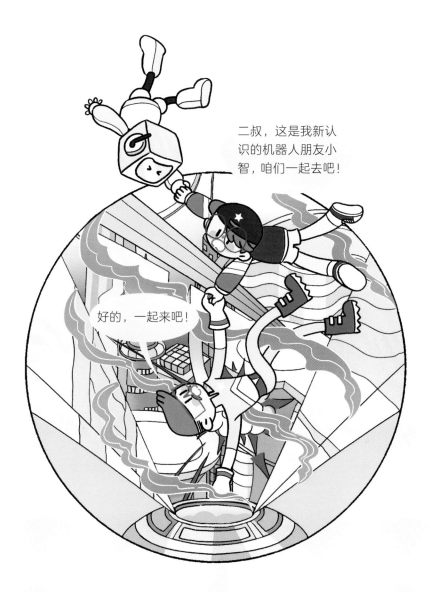

全息投影中的智能科幻世界正在经历
战乱，二叔和畅畅准备去帮忙……

简单来说,人工智能是模仿人类,让机器像人类一样思考、行动的一种智能。

我就是人工智能机器人。

和人类的智慧相比,人工智能有什么不同呢?

人脑可以同时思考几件事情,也可以根据实际情况调整事情的先后,抽象、情感的问题也不在话下。

目前,我们人工智能更擅长集中力量解决一个问题,处理数据问题又快又好!

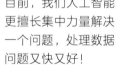

计算机科学

逻辑学

语言学

人工智能

哲学

脑科学

心理学

人工智能涉及的知识领域很丰富。

我们是靠数据来了解这个世界的，对你们来说，周围的环境丰富多彩，在我看来它们全都是数据。

中国科技

2020 年，中国人工智能专利件数累计约 39 万件，约占全球的 70%。人工智能技术将会在无人驾驶、利用图片识别技术自动计算价格、医疗卫生以及网上教育等领域发挥重要的作用。

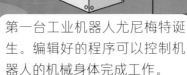

第一台工业机器人尤尼梅特诞生。编辑好的程序可以控制机器人的机械身体完成工作。

第一款聊天机器人由美国计算机科学家约瑟夫·维森鲍姆开发。这台机器人只是分析问题的关键词并以相关词语进行"解答"，并不具有"智慧"。

1956年

1959年

约翰·麦卡锡和众多学者在美国达特茅斯学院为"人工智能"命名。

1965年

1966年

E·费根鲍姆开创了第一个专家系统 Dendral，该系统主要依据专家的经验来帮助化学家判断某特定物质的分子结构。

1968年

早在六十多年前，人工智能的概念就存在了。

首个智能机器人诞生，它拥有自主感知能力，可以分析环境、规划行为，并执行任务。

专家经验　　　　　　　　　化学家

知识库　推动引擎　用户界面

计算机"深蓝"采用混合决策的方法，将通用超级计算机处理器与象棋加速器芯片相结合，最终战胜人类国际象棋世界冠军。

阿尔法围棋是一款围棋人工智能程序，采用"深度学习"的技术原理战胜了人类围棋世界冠军李世石。

1997年

2011年

2016年

1986年

可以像人一样回答问题的人工智能程序被开发出来，它应用了语音处理技术。

人类历史上首个 3D 打印机问世。但它只能打印出物体的形状，不能打印它的功能。

既然他们不打架了，不如我们去参观一下吧！

不过，这些机器人好像不太一样，一起去看看，都有什么样的机器人。

二叔，快看！这里有好多机器人！

你好，我是弱人工智能机器人！虽然我也叫智能机器人，但是我并没有像人类一样的智能，只听从人类提前编写好的代码"指挥"！

弱人工智能

05:00

05:00

虽然弱人工智能机器人不是那么"聪明"，大多只擅长某一方面的工作，比如只会搬货物、下棋等。但是它们为人类的生活带来便捷，提高了工作效率。

人工智能的工作流程, 简单来说分三步:

第一步, 计算机收集到关于某个情景的数据;

第二步, 计算机将新收集到的数据与原有数据进行比较, 确定其含义;

第三步, 经过多种计算和比较, 预测出哪种动作的效果最好, 输出行为。

棋盘当前局势如何?

举个例子! 现在, 是阿尔法围棋在输入棋盘信息。

30%

60%

90%

我下一步可以怎么走?

阿尔法围棋会比对已有的围棋棋谱或者下棋数据。

阿尔法围棋会预判对手接下来怎么走，当然要选择对自己最有利、对对方最不利的方式下棋啦！

对方会怎么走？

最后，阿尔法围棋会根据多方面因素来综合判断，选择最优的策略下棋。

哇哦，真"狡猾"！

其实人工智能中有很多具体的技术，接下来我们一起了解一下！

计算机视觉是用摄像机进行观看,再用计算机代替人脑进行分析和处理的技术。

图片

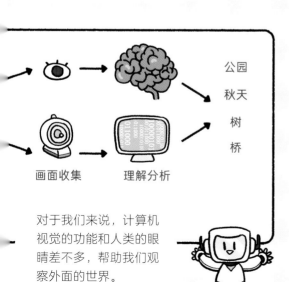

公园
秋天
树
桥

画面收集　　理解分析

对于我们来说，计算机视觉的功能和人类的眼睛差不多，帮助我们观察外面的世界。

中国科技

2020 年，中国很多企业基于计算机视觉的应用，推出了效率极高的自动测温系统，能快速地检测人体体温。

人脸识别是计算机视觉的一个普遍应用，从照片中提取人脸特征，比如眉毛高度、嘴角弧度等，再通过特征的对比得出结论。

高铁站、飞机场的人脸识别进站，简化上车流程，方便旅客快速通过。

写字楼中，通过考勤机识别，完成上班打卡。

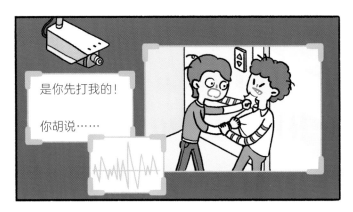

社区、家庭中，可以使用图像识别技术发现暴力事件，使安保工作更加周密、有效。

摄像头跟踪运动员在球场上的运动轨迹，可以更好地建立运动员的个人训练计划。

商场中，利用计算机视觉技术分析顾客的年龄、性别、消费次数等。

出入小区，识别车牌后，就可以迅速通过，更方便。

中国科技

优图天眼系统利用 AI 人脸检索技术，携手福建省公安厅在 3 个月内寻回 124 名走失人员，并与多个城市公安系统建立了智能追捕逃犯系统。

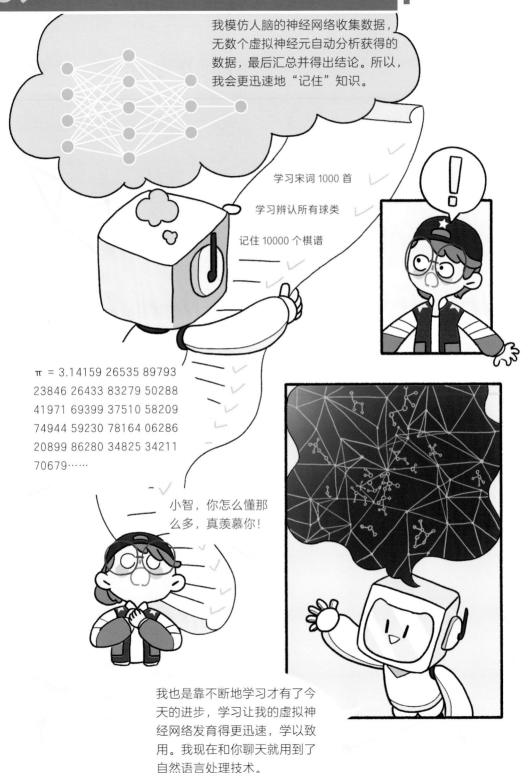

我模仿人脑的神经网络收集数据，无数个虚拟神经元自动分析获得的数据，最后汇总并得出结论。所以，我会更迅速地"记住"知识。

学习宋词 1000 首

学习辨认所有球类

记住 10000 个棋谱

π = 3.14159 26535 89793
23846 26433 83279 50288
41971 69399 37510 58209
74944 59230 78164 06286
20899 86280 34825 34211
70679……

小智，你怎么懂那么多，真羡慕你！

我也是靠不断地学习才有了今天的进步，学习让我的虚拟神经网络发育得更迅速，学以致用。我现在和你聊天就用到了自然语言处理技术。

什么是自然语言？

广义来说，所有人类使用的"语言"都可以视为自然语言。

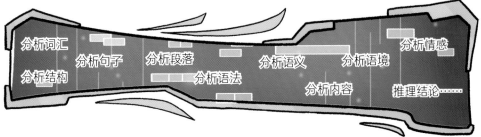

分析词汇　分析句子　分析段落　分析语义　分析语境　分析情感
分析结构　　　分析语法　　分析内容　推理结论……

我想和你做好朋友！

我也一样！

词汇重点：好朋友。

语义分析：对方想和自己建立一种亲密的关系。

情感分析：感情真挚。

语境分析：对方刚表达过对自己的欣赏。

推理结论：给对方同样的回应。

我也一样！

自然语言处理，就是人工智能对人类的语言进行分析处理，这样我们就可以更自由地交流啦！不过仅依靠大数据和深度学习，我们还很难达到和人类一样的水平！

主要问题在哪里呢？

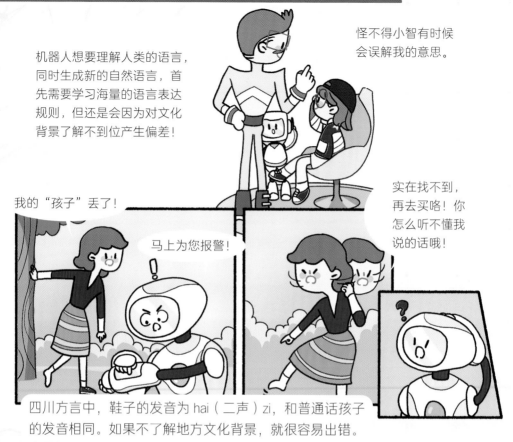

机器人想要理解人类的语言,同时生成新的自然语言,首先需要学习海量的语言表达规则,但还是会因为对文化背景了解不到位产生偏差!

怪不得小智有时候会误解我的意思。

我的"孩子"丢了!

马上为您报警!

实在找不到,再去买咯!你怎么听不懂我说的话哦!

四川方言中,鞋子的发音为 hai(二声)zi,和普通话孩子的发音相同。如果不了解地方文化背景,就很容易出错。

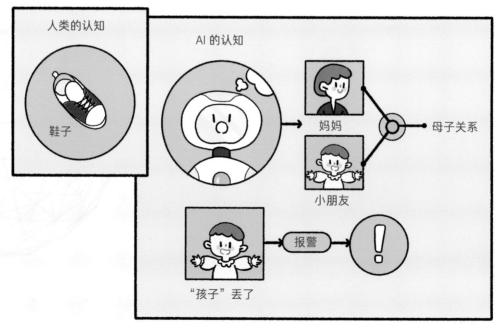

人类的认知

鞋子

AI 的认知

妈妈

小朋友

母子关系

"孩子"丢了

报警

还可能遇到这样的情况！

机器人，你好，明天去南京市长江大桥。

南京

市长

江大桥

南京 / 市长 / 江大桥

南京市长江大桥

南京市

长江

大桥

南京市 / 长江 / 大桥

明天到底要去哪里？你在说什么？

人类语言中的多音字词、不同断句等情况，也会让机器人的理解出现偏差。

天为什么是蓝色的？

自然语言处理可以对我们说的话和输出的文字进行翻译，这对我们获取信息有很大帮助！

我真是太马虎了！

自然语言处理技术可以提醒作者，文章中可能出现了用词、语法等错误，并给出相应的修改建议。

这条新闻太长了，看得我眼睛都花了！

自然语言处理技术可以生成简单的摘要，帮助人们快速获得想要的信息！

自然语言处理技术还可以识别订单中的关键信息。

这样填写快递信息又快又准确！

快递员在收件时运用扫描仪从视觉上收集条形码数据，并把它们转换成可用的信息。

马上为您处理，请您不要生气。

自然语言处理技术还能识别对话者的情绪，知道用户是生气、高兴还是悲伤，再根据这些情绪信息提供进一步服务。

愤怒

安抚性语言

中国科技

中国企业曾三次参加国际多通道语音分离和识别大赛，连续夺冠。这表明我国语音识别技术处在了世界前列。

好饿呀！我想吃鸡腿外卖。

小菜一碟，看我的！

语音识别就是把你说的话转化成文字或者命令，简单来说，就是让机器能听懂人类的语言。

再来个西瓜。

无论语速快慢、音调高低，只要声音清晰、发音标准，人工智能就能快速"听懂"你的话。

我爱吃鸡腿，帮我点一份鸡腿外卖吧。

11100110 10001……

已点单！

已经为你点好鸡腿外卖！

中国科技

1987 年，"非特定人连续语音识别系统"问世，并首次用该方法提高了语音识别率。这种语音识别技术不分年龄、性别，只要发音人说的是相同的语言就可以识别。

我们都说中文。

识别成功。

具有清洁功能的弱人工智能机器人

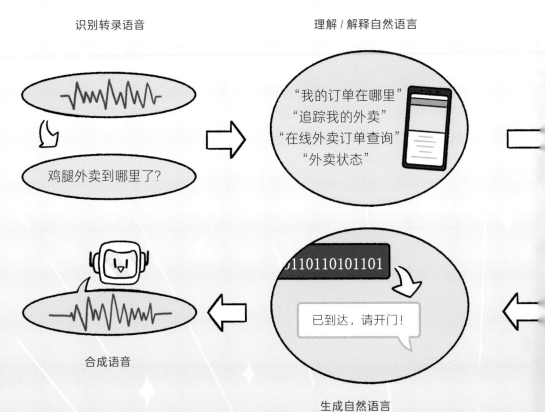

识别转录语音

理解 / 解释自然语言

"我的订单在哪里"
"追踪我的外卖"
"在线外卖订单查询"
"外卖状态"

鸡腿外卖到哪里了？

合成语音

已到达，请开门！

生成自然语言

查找数据并决定如何回应

前方 100 米请左拐。

车载语音导航系统可以随时随地为我们提供驾驶建议。

语音查找资料方便高效，是我们工作和学习中的好帮手！

帮我查一下人工智能的资料！

是我，请开门！

声纹识别门锁比指纹识别门锁更加便捷，只用说话就可以开门了！

今天天气怎么样？

帮我充话费！

现在几点了？

我们随时可以通过语音处理系统获取信息和解决问题，时间利用率大大提高！

人工智能助手

医院里，医生可以使用语音电子病历录入患者情况，工作更快捷高效！

您的身体有哪些症状？

你好，张医生，我最近食欲还不错，药都按时吃了，就是偶尔还会头痛……

患者：李小姐
来电时间：5月18日10点35分
接电人：张医生
电话内容：食欲好，按时吃药，偶尔头痛……
建议：三日后来复诊

语音处理系统还可以记录患者的电话，如来电时间、电话内容、服务人员、服务结果等信息，由此向患者提供复诊通知、结果查询、疾病信息预警等一系列个性化服务。

 中国科技

智能医疗语音录入系统已经在北京协和医院、空军军医大学西京医院试点使用。同时，其医疗语音技术还上线了"平安好医生"20多个科室，让医生通过语音方式，更便捷地与患者进行线上沟通。

智能调温空调

自动窗帘

智能助手，请帮我翻译这段文字！

好的，马上为您翻译！

可以根据光照情况和用户习惯，自动开闭窗帘。

智能手机

电脑

锄禾日当午，汗滴禾下土。

请跟我读：锄禾日当午，汗滴禾下土。

智能机器人

现在，智能机器人已经应用于家庭的多个方面，既能帮忙做家务、辅助儿童教育、监测老年人健康状况，还能做安全监测，丰富我们的日常生活。未来的家庭服务机器人也将进入"认知智能"阶段，可以自主思考，不需要提前编程即可自我升级，给用户更好的使用感受。

指纹识别锁

智能安防摄像头

时刻警惕家中安全情况，紧急情况时会自动报警。

智能血压仪
更便捷地监测身体状况，并给出相应建议。

血压正常，请继续保持哟！

你好，明天天气怎么样？

智能电灯

智能电视

可以根据观众的喜好推荐相应的节目，也可以控制观看时间。

明天有雨，5℃~12℃，出门请带伞。

智能音箱

15 神奇的自动驾驶汽车

二叔，那辆红色的车是自动驾驶汽车吗？

好像是，我们去看看！

如果把自动驾驶汽车拆开观察，你就会了解它的秘密。

感知模块：
自动驾驶汽车的"眼睛"，由多个传感器组成，360°视角，比人眼视野更开阔。

信号通信模块：
与外界通信的主要设备。自动驾驶汽车的"耳朵"，帮助自动驾驶汽车与外界通信。

供电系统：
负责给全车设备供电。

辅助避障模块：
就像游戏中的增加防御力，帮助自动驾驶汽车抵御伤害！

自动驾驶计算机：
自动驾驶汽车的"大脑"，在行驶过程中飞速进行计算。

定位模块：
由激光雷达定位、惯性导航系统等组成，保障自动驾驶过程中的定位功能。

智能调度，可以让运输效率更高。

现在，一些物流的运输车和飞机也没有那么依赖人类驾驶员了。

贴射频标签

同时采用二维码和无线电射频识别标签阅读器对打印数据进行双重检查。打印完成后，视觉识别系统读取标签确认无误后再粘贴标签。

自动读取质量信息，称重、拍照、数据保存、上传。

称重

分拣机器人

先对目标物品进行位置估计，再进行分类、抓取。

利用视觉采集子系统自动读取条码信息并拍照上传。

整个仓储过程都有计算机监测和控制，相关信息同步上传到云端。当机器出现故障时，会发出自动报警通知工作人员，避免出错。

扫码入库

配送过程中，人工智能能够对快递进行智能分拣，并为无人配送车和无人机规划最佳配送路径。

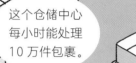

这个仓储中心每小时能处理 10 万件包裹。

搬运机器人

能够平稳抓取、自动搬运平台或货架上的物料，有无线、激光、有轨多种导航方式，可轻松替代人力运送。

中国科技

2016 年，中国的一些公司启动了全自动物流中心、无人机、仓储机器人以及自动驾驶车辆送货等一系列尖端智能物流项目。

码堆机器人

机械臂放在固定位置，按照固定路径完成相应任务。

距离考试结束还有十五分钟……

除此以外,人工智能还需要处理海量的数据来进行训练和推断,完成难度更高的工作。因此,人工智能需要一个强大的帮手。

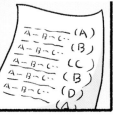

小智,你怎么算得那么快?

因为我有 AI 芯片呀!不过我也需要不断学习,超越自我!

体积小巧的芯片在我们的生活中随处可见,无论是家里的冰箱、洗衣机、电视,还是街上的红绿灯系统都有芯片。

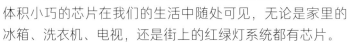

虽然你没有AI芯片,但经过努力学习,你也会不断进步!

中国科技

2016 年我国研发的"星光智能一号"芯片,首次嵌入神经网网络处理器 NPU,成为世界上第一颗具备深度学习人工智能的嵌入式视频采集压缩码系统级芯片。

AI 是人工智能的英文 Artificial Intelligence 首字母缩写，AI 芯片是人工智能运行算法的处理器，就像人工智能的大脑，通过不断地深度学习和训练来积累数据。

通用芯片

CPU

我的本领更成熟，通用性更强。你在网站搜索图片、音乐的时候，很多时候会用到我！

我更适合在某一具体行业中使用，灵活快速，效率高！

半定制化芯片

FPGA

全定制化芯片

ASIC

我更适合在某一特殊应用场景中解决对应问题，擅长深度学习算法。

我可以不断学习新事物，是 AI 芯片的终极理想模式。

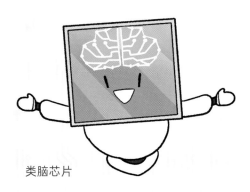

类脑芯片

中国科技

经过不懈努力，中国公司已经成功研发出用于 AI 领域的鲲鹏处理器芯片，而且在人工智能 AI 技术领域还形成了自己独特的专利优势。

未来，人工智能是不是会更加"聪明"？

人机融合士兵的思想是与计算机连接起来的。军队领导人可以更快地向他们传输指令，士兵们甚至可以用思想控制无人驾驶的车辆。

这个问题我知道！未来，人工智能不但能够做分类、预测等相对简单的事情，还能在无人监督的情况下，进行类脑学习，拥有自己的知识图谱和分析推理能力！应用场景也会更加多元。

脑机接口装置

我的胳膊可以动了！

人工智能技术可以读取患者的思想，患者通过脑机接口装置可以自由移动患病的肢体。

未来的人工智能，很可能在医学、农业、军事等更多技能领域超过人类。

智能送药

智能采摘

智能瞄准

也许有一天，我们可以通过人工智能技术和海豚聊天。

你好

挖掘机器人

搭建机器人

加固机器人

我们制作出的智能机器人，还可以在火星上建造适合人类生活的超级基地呢，相信那一天不会太遥远！

41

懂懂鸭 知识问答

问题1：人工智能会代替人类工作吗？

回答：不可否认，人工智能已经取得了巨大进步，可以帮助人类完成很多工作。但是，在未来很长一段时间内，情感化的、审美性的、研究式的工作还是很难被取代！例如作家、科学家、医生等。

问题2：智能支付是怎么回事？

回答：AI会事先存入指纹、人脸、虹膜等人体生物识别数据，在支付时匹配相应数据，进而完成支付服务。相比之下，人脸识别是非接触识别，应用更广泛。指纹识别的识别率更高，伪造难度更大。

问题3：人工智能会伤害人类吗？

回答：这也是很多科学家关心的问题。目前，科学家想到的一种方法是在人工智能的程序中设定一个"哥德尔炸弹"指令。当人工智能做出伤害、背叛人类的事情或想要删除"哥德尔炸弹"时，该程序就会启动自毁模式。

自毁模式已启动！

问题 4：未来，人工智能超越人类会怎样？

回答：当人工智能达到人类智商的时候，可能人类就无法再理解人工智能了。第一台超智能机器人被发明，在无人干涉的情况下，它会在不断反馈中一直提高自己，甚至远超人类——这就是未来学家古德在 1965 年想象的智能爆炸场景。

问题 5：科幻作品中，为什么很多机器人在保护人类？

回答：这个问题与著名科幻小说作家阿西莫夫提出的"机器人三原则"有关。他提出三条原则：第一，机器人不得伤害人类，或看到人类受到伤害而袖手旁观；第二，机器人必须服从人类的命令，除非与第一条相矛盾；第三，机器人必须保护自己。我们看到的很多科幻片都参考了这三条原则，当然有时候第三条原则会被忽略。

作者团队

懂懂鸭是飞乐鸟品牌旗下的儿童原创品牌，由国内多位资深童书编辑、插画师、科普作家协会成员组成，懂懂鸭专注儿童科普知识的创新表达等相关研究，坚持做中国个性的儿童原创科普图书，以中国优良传统美德和深厚的文化为核心，通过生动、有趣的原创插画，将晦涩难懂的科普百科知识用易读、易懂的方式呈现给少年儿童，为他们打开通往未知世界的大门。近几年自主研发一系列的童书作品，获得众多小读者的青睐，代表作有《国宝有话说》《好吃的中国》等，并有多个图书版权输出到日本、韩国以及欧美的多个国家和地区。

图书在版编目（CIP）数据

人工智能 / 懂懂鸭著. --北京：电子工业出版社，2023.10
（奇迹中国：无所不在的中国科技）
ISBN 978-7-121-46446-1

Ⅰ.①人… Ⅱ.①懂… Ⅲ.①人工智能－少儿读物 Ⅳ.①TP18-49

中国国家版本馆CIP数据核字（2023）第189636号

责任编辑：董子晔
印　　刷：北京缤索印刷有限公司
装　　订：北京缤索印刷有限公司
出版发行：电子工业出版社
　　　　　北京市海淀区万寿路173信箱　邮编：100036
开　　本：889×1194　1/16　印张：27.5　字数：511.5千字
版　　次：2023年10月第1版
印　　次：2023年10月第1次印刷
定　　价：200.00元（全10册）

凡所购买电子工业出版社图书有缺损问题，请向购买书店调换。若书店售缺，请与本社发行部联系，联系及邮购电话：（010）88254888，88258888。
质量投诉请发邮件至zlts@phei.com.cn，盗版侵权举报请发邮件至dbqq@phei.com.cn。
本书咨询联系方式：（010）88254161转1865，dongzy@phei.com.cn。

人造卫星

懂懂鸭 著

电子工业出版社·

Publishing House of Electronics Industry

北京·BEIJING

推荐序

科技作为国之利器，是为中国制造业注入的一股活力，是打开未来之门的一把钥匙。这样听起来，科技好像离我们很遥远？其实，在家里和我们"聊天"的语音助手是科技，商店里用来结账的人脸支付是科技，为通信网络保驾护航的人造卫星也是科技……可以说科技无所不在。从小到大，我们身边的科技产品仿佛有魔力般改变着我们的生活，给我们带来了便捷、创造力和无数的乐趣。但是，你有没有想过这些神奇科技背后的秘密？

《奇迹中国 无所不在的中国科技》这套书通过十大主题的方式讲解了目前最热门的十大科技领域，用全新的漫画形式将复杂的科学原理转化成通俗易懂的故事，每一页都充满着创意和惊喜。比如，可以跟着纳米机器人进入人体内部一起"工作"，也可以看"生病"的量子计算机如何被治愈，还能去"未来动物园"看如何借助基因编辑复活灭绝动物……此外还有仿生机械、脑机接口、航天探测等主题，一个个鲜活的科技世界呈现在我们的面前。

同时，这套书也是我们国家科技发展的一次全面展示，配套的"中国科技"小栏目，不仅反映了我们中国人不断超越自我、超越梦想的伟大精神，也更清晰地呈现出中国科技的发展历程和未来趋势，从而让我们树立强国自信。不信你看，年轻的北斗卫星让中国成为全球第三个可以提供卫星导航系统服务的国家；全球首台人工神经机器人——神工一号，让中国实现了用意念控制瘫痪肢体做出动作反应的重大医疗突破……

因此，通过这套书你们会认识到，我们每个人都可以把对科技的兴趣和热爱转化为强大的力量，成为科技的先驱者，在未来的科技领域有所成就，为我们的国家贡献更多的力量。

让我们一起为中国的科技事业加油，为我们的未来加油！

胡垚

中国生物信息学会会员

参与江苏省"肿瘤早筛研究"项目

这里是 DTV 地球新闻时间，
现在插播两则紧急新闻：
据前信息台报道，
一支地质科考队于一个月前进入无人区……
至今无法取得联系。

2 小时前，沿海一艘渔船在海面失去联系，
目前 9 号台风已进入失联海域，渔船信号中断……

船长，风暴要来了！

一艘渔船行驶在海面上，远处黑压压的云层正在逼近，船上信号断断续续地传来，却始终无法联系上。

大家快跑啊！泥石流来了！

是谁说这片有古迹的？我辛辛苦苦挖出来的全是垃圾！

畅畅，地球出现了一些危机，我们需要人造卫星来帮忙！

二叔，什么是人造卫星?

人造卫星是一种在既定轨道上运行的无人航天器，它就像科学家的望远镜一样，能帮助人类探索太空的奥秘。

如果卫星出现状况，人类就可能无法预测灾难，还会出现更可怕的问题。快，我们一起去太空看一下!

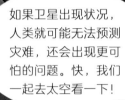

好，我马上就来!

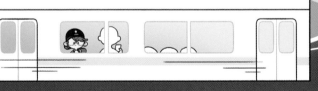

走! 我们去看人造卫星!

看，这颗大卫星长 20 米，还有 150 米长的天线！

我是一颗芯片卫星，长和宽都只有 3.5 厘米，不过一张邮票大小。

仔细看这颗卫星！它的每一部分都大有用处！

红外线干涉光谱仪：检测大气中的温度、水汽和臭氧状况。

影像分解机：拍摄云的照片。

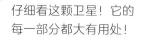

S波段天线：为地球传送信息。

质询记号位置确认系统：向地球上的应答器发射电波，以确定位置，并记录气象信息。

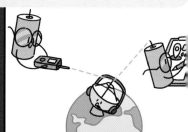

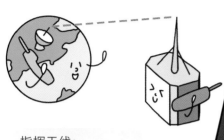

指挥天线：
接收地球上的信号。

方向控制装置：
让照相机保持面向地球。

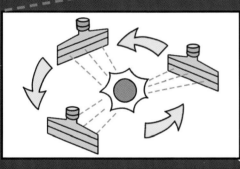

太阳感测器：
让太阳能板最大限度地吸
收太阳能，为人造卫星提
供源源不断的"食粮"。

我们离地球很远，最远
有 7 万千米的距离！

在发射前,科学家就为我们算好了精确路线。

活动测控站

卫星控制中心

之后,科学家的指令会通过综合航天测控网传递给我们。

那这些卫星是怎么上天的呀?

噼里啪啦

噼里啪啦

点火!

轰

隆

火箭将人造卫星送入太空的过程就像"砰砰砰"放礼花一样,很是壮观。

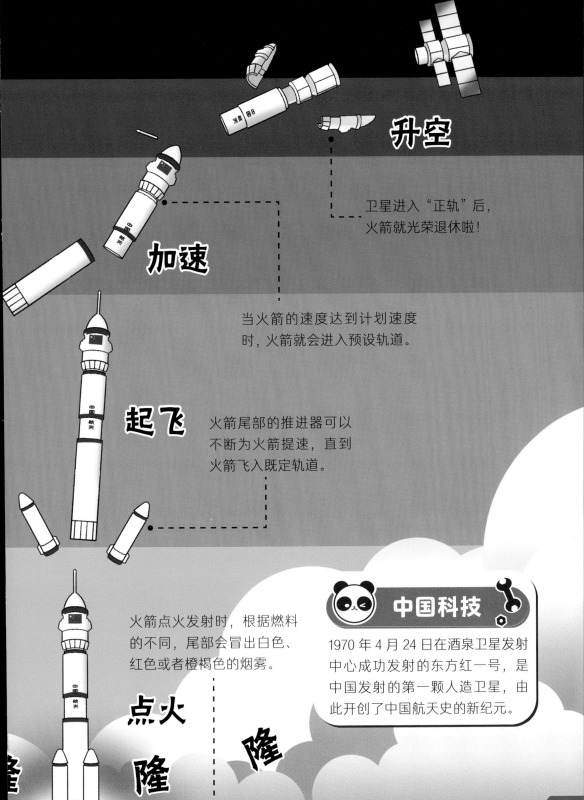

升空

卫星进入"正轨"后，
火箭就光荣退休啦！

加速

当火箭的速度达到计划速度
时，火箭就会进入预设轨道。

起飞

火箭尾部的推进器可以
不断为火箭提速，直到
火箭飞入既定轨道。

火箭点火发射时，根据燃料
的不同，尾部会冒出白色、
红色或者橙褐色的烟雾。

点火

隆

隆

中国科技

1970 年 4 月 24 日在酒泉卫星发射
中心成功发射的东方红一号，是
中国发射的第一颗人造卫星，由
此开创了中国航天史的新纪元。

11

北斗一号

大家好，我是东方红五号，我在静止轨道工作。我和伙伴们一起努力，让现代生活更加便利和智能。

静止轨道
位于该轨道的卫星覆盖面积大，且相对于地面是静止的。

35786 千米

中高轨道
是通信卫星的活跃范围。

2000 千米

东方红五号

近地轨道
该轨道绝大多数时候属于负责检测环境的气象卫星。

500~1000 千米

大家好，我是中国第一颗气象卫星。在近地轨道运行，让我更容易拍到清晰的照片！

你看！那些卫星不仅可以预测天气、辅助通信，还可以进行科学探测，可厉害啦！

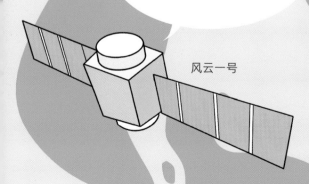

风云一号

二叔，人造卫星为啥不会掉下来？

人造卫星受地球引力的影响，以每秒 7.9 千米以上的速度绕着地球转。保持这样的速度，人造卫星就不会掉下来，也不会飞走。

就像这样，我们以一定的速度甩动石头。

松手的瞬间，石头还是会按照原来的轨迹运动，不会掉落下来。

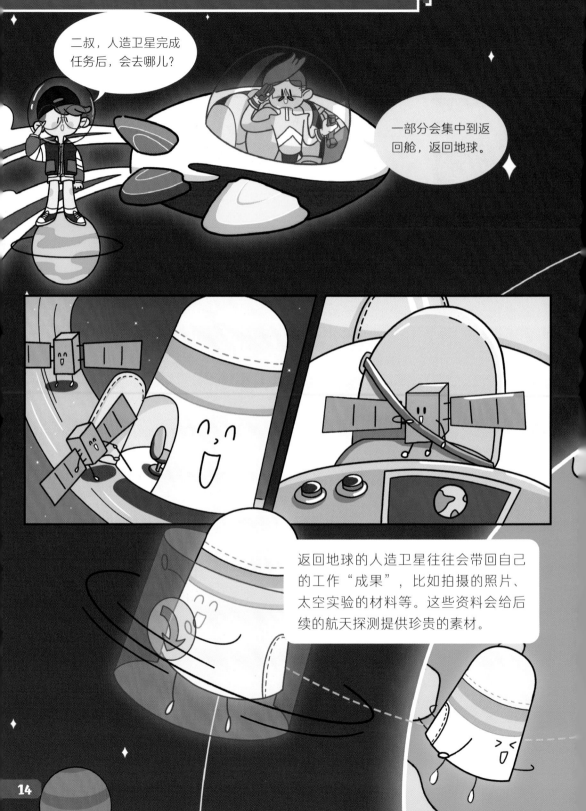

二叔，人造卫星完成任务后，会去哪儿?

一部分会集中到返回舱，返回地球。

返回地球的人造卫星往往会带回自己的工作"成果"，比如拍摄的照片、太空实验的材料等。这些资料会给后续的航天探测提供珍贵的素材。

还有一部分人造卫星会进入同步轨道环上空 300 千米的太空区域——"坟场轨道"。

进入坟场轨道,意味着不用再和工作中的卫星抢占轨道空间,可以静静地在这里"安度晚年"。

返回舱下降到距地面约 15 千米时,打开降落伞,控制下降速度。

在陆地或者海上着陆。

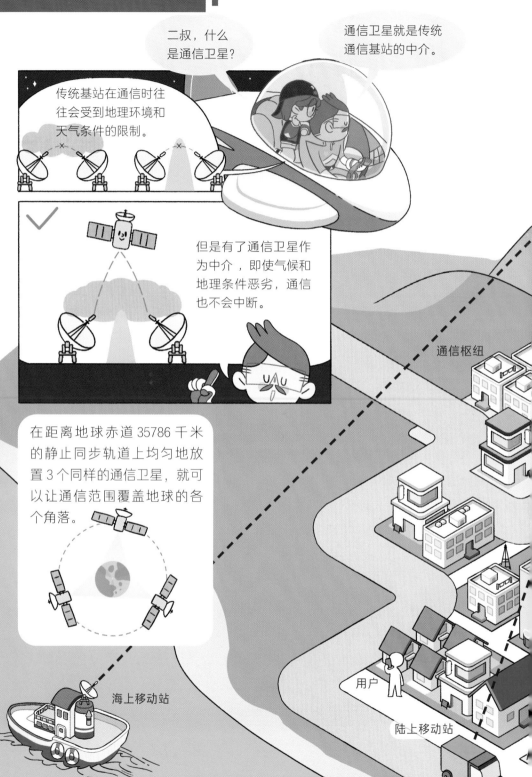

东方红二号

我是中国第一颗自主研发的通信卫星，由长征三号运载火箭把我送到这里。

地方站

空中移动站

中国科技

我国北斗卫星系统与5G融合，可以构建高精度、高可靠、高安全的新一代通信体系。

5G

用户

中央站

通信枢纽

通信基站

17

普通电话

中继站被毁，通信中断。

卫星电话

中继卫星将接收的信号放大后传输到另一台设备，信号保持畅通！

没有自然灾害的时候，通信卫星的用处也很多。

太空授课

军事通信

森林火灾预警

视频会议

中国科技

北斗三号既能传输文字，也能传输图片。在全世界范围内，单次可以传输 40 个汉字；在中国和周边地区，单次可以传输 1000 个汉字！

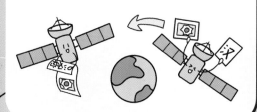

风云三号

我是极轨卫星——风云三号！地球上的任何地点都逃不出我的"千里眼"！

世界上有 80% 以上的地区无法用传统工具观测天气，这时就轮到气象卫星大显身手啦！

中国科技

风云四号头上的闪电成像仪，可以探测到相应区域的闪电频次和强度，还有闪电预警，这在以前是很难实现的！

23

二叔,我们迷路了!

二叔,导航是怎么知道我们在哪里的?

等等,我看看手机导航。

卫星导航一般有两种定位方法,时间测距导航定位和多普勒测速定位。

时间测距导航定位

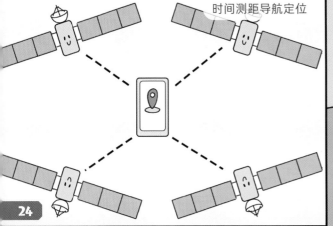

四颗不在同一平面的卫星向同一部手机发射信号时,传输时间会不同。利用这些不同的时间数据进行计算,就可以得到我们所在的位置!

北斗卫星

当信号的传播路径发生变化时，其频率也会发生变化。

手机用户端

多普勒测速定位

所以，通过测量不同位置时手机接收的信号频率，以及卫星发送信号频率之间的位置变化，就可以计算出我们所在的位置。

地面站

卫星导航系统会根据目的地制定行驶路线，并在行驶过程中发出"向左拐""直行""前方需要避让"等语音指令，即使是去一个陌生的地方，也完全不用担心迷路。

如果驾驶员由于疏忽错过了转弯，导航系统会立即重新规划路线，并继续为驾驶员提供语音指令。

有了卫星导航系统，驾驶员就可以提前规划路线，尽量避开拥堵路段，道路的利用率会大大提高。

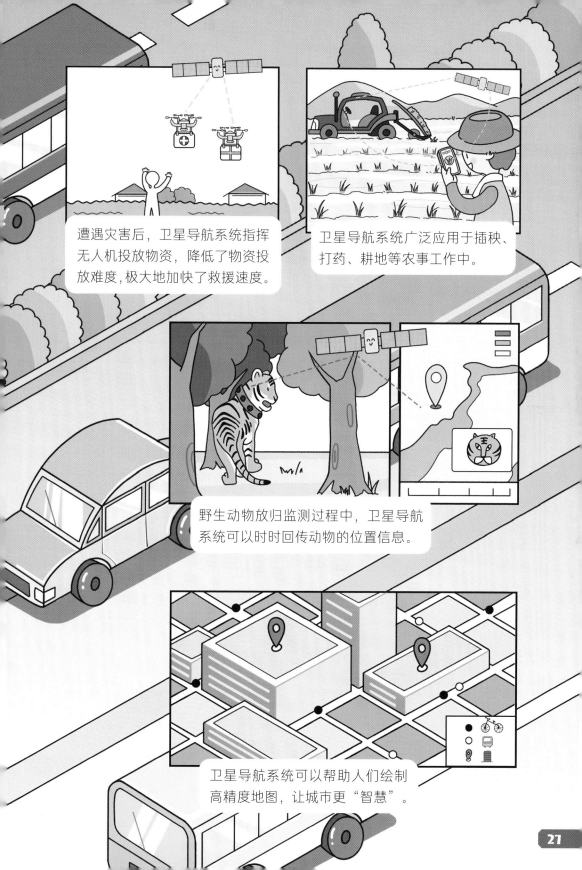

遭遇灾害后，卫星导航系统指挥无人机投放物资，降低了物资投放难度，极大地加快了救援速度。

卫星导航系统广泛应用于插秧、打药、耕地等农事工作中。

野生动物放归监测过程中，卫星导航系统可以时时回传动物的位置信息。

卫星导航系统可以帮助人们绘制高精度地图，让城市更"智慧"。

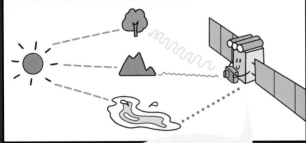

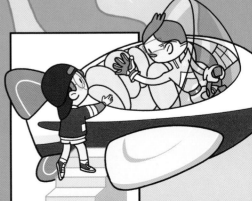

资源三号卫星搭载了前视、后视和正视相机，可以获取同一地区三个不同观测角度的立体像，这填补了我国立体测图领域的空白！

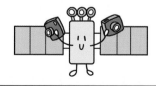

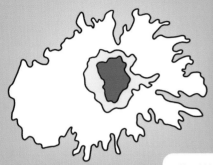

长白山天池

珠穆朗玛峰

监测地形、水文情况：
资源卫星可以测算不同冰川测量点相对于固定位置的数据变化，地面接收站通过这些数据可以计算出珠穆朗玛峰冰川的融化速度。

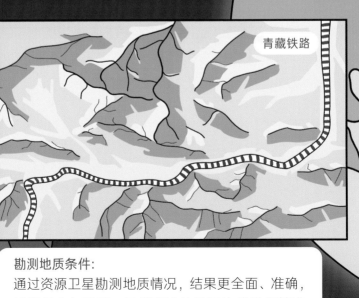

青藏铁路

勘测地质条件：
通过资源卫星勘测地质情况，结果更全面、准确，就算是空气稀薄、异常寒冷的地区也能进行精准勘测。

中国东北平原

故宫

预估农作物品种和产量:
黄色的是大豆,绿色的是玉米。根据不同颜色的面积大小和颜色深浅,可以计算出相应作物的产量。

三江平原

水乡周庄

调查和规划旅游景观:
资源卫星可以摸查景区资源情况,优化景观整体空间布局和组合。

二叔，北斗卫星的名字和北斗星有什么关系吗？

北斗星是中国古人用来辨别方向和季节的标志。"北斗"象征着光明和方向。

中国科技

27 岁的北斗卫星系统，已经走完了国外相同系统 40 年的发展道路。

1994 年，"北斗一号工程"启动，我国开启对卫星导航的探索。

前后发射三颗卫星后，北斗一号卫星系统建成。我国成为世界上第三个可以提供卫星导航系统服务的国家。

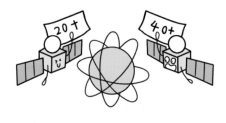

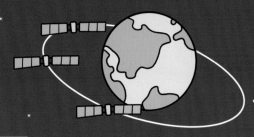

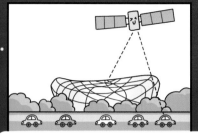

北京奥运会中，北斗二号在场馆监测和交通调度中发挥了巨大作用。

2012 年，由 14 颗卫星组成的北斗二号卫星定位系统建成，它不但服务于中国，更辐射至整个亚太地区。

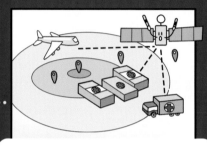

北斗卫星在汶川地震中为指挥人员和救灾人员提供通信支持。

2018 年，第 19 颗卫星与其他兄弟姐妹胜利会师，北斗三号卫星系统建成！

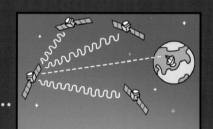

2008 年，"星间链路"将我国所有卫星编织成网，所有卫星通过中国领空上方的卫星与国内建立联系。

北斗三号卫星系统为"一带一路"提供通信服务。

我解决了精准度弱、定位偏差大的问题。

2007 年，北斗二号第一颗卫星发射升天。

2020 年 6 月，中国第 55 颗卫星顺利升空，北斗三号全球卫星导航系统建成，成为全球一流卫星导航系统，快速、灵敏，辐射全球！

网速比现在快很多，十几秒就可以下载一部大型电影！

就算是在珠穆朗玛峰上和朋友打电话也不受影响，而且是免费的！

北斗卫星可以让导弹和飞机等军用装备更加精准和高速，增强我国的军事实力！

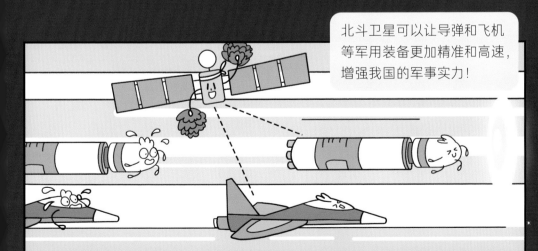

中欧导航卫星反射信号联合研究工作组的成立，进一步拓宽了北斗导航卫星系统的应用领域。

支持北斗卫星系统的终端数据接口格式和国际规范越来越多，北斗卫星可以帮助更多人！

想做航天员，首先离不开家人的支持！

其次，航天员要经过档案审查。

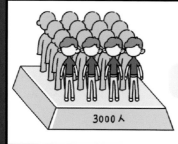

再经过身高、体重和健康状况等条件的筛选，最后可能只剩下三分之一的人被选中。

被选中的航天员不仅要学习专业的载人航天技术，还要学习很多其他相关学科的知识。

最后，因为太空是失重缺氧的环境，要求航天员除了进行长跑、俯卧撑及高强度训练，还要进行专业的"魔鬼"训练！

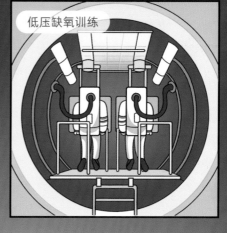

低压缺氧训练

跳伞训练

转椅训练

航天员真是太不容易了！

懂懂鸭
知识问答

问题 1：人造卫星的"体重"差别很大吗？

回答：没错！人造卫星按重量可以分为大型卫星、中型卫星、小型卫星、迷你卫星和微卫星五种。大型卫星最重，可超过 3000 千克，比一头成年大象还要重。微卫星最轻，差不多 50 千克，和一个小姑娘的体重差不多。

问题 2：在太空中，人会长高吗？

回答：会。在地球上受重力影响，人体的重量会压缩椎间盘和脊椎的间隙。一旦进入太空，人体处于失重状态，这些间隙就会变大，身体也就变长了。不过，回到地球后，人的身高又会回到原有状态。

问题 3：从太空看，地球为什么是蓝色的？

回答：地球上虽然有高山、平原、盆地、湖泊和海洋等多种地形地貌，但它的表面有 71% 都被水覆盖，所以从太空看，它是一颗美丽的蓝色星球。

问题 4: 拦截卫星是一种什么样的卫星？

回答: 拦截卫星被称为"太空杀手"，可以击毁几千米外太空中的卫星。拦截卫星靠近目标卫星后，会埋伏在目标卫星附近，一旦目标靠近，就用卫星拦截器击毁目标卫星。有些拦截卫星非常"狡猾"，会释放金属颗粒和碎片，让其他卫星失控，最终坠毁。

问题 5: 太空垃圾是从哪里来的？

回答: 有些是航天员在太空生活、工作中产生的废物，有些是航天器脱落、遗失的零件和残骸，还有些是航天器有意或无意爆炸产生的。目前，我国已经在中国科学院紫金山天文台建立了太空垃圾观测中心，研究处理这些太空垃圾的方法。

作者团队

懂懂鸭是飞乐鸟品牌旗下的儿童原创品牌，由国内多位资深童书编辑、插画师、科普作家协会成员组成，懂懂鸭专注儿童科普知识的创新表达等相关研究，坚持做中国个性的儿童原创科普图书，以中国优良传统美德和深厚的文化为核心，通过生动、有趣的原创插画，将晦涩难懂的科普百科知识用易读、易懂的方式呈现给少年儿童，为他们打开通往未知世界的大门。近几年自主研发一系列的童书作品，获得众多小读者的青睐，代表作有《国宝有话说》《好吃的中国》等，并有多个图书版权输出到日本、韩国以及欧美的多个国家和地区。

图书在版编目（CIP）数据

人造卫星 / 懂懂鸭著. --北京：电子工业出版社，2023.10

（奇迹中国：无所不在的中国科技）

ISBN 978-7-121-46446-1

Ⅰ.①人… Ⅱ.①懂… Ⅲ.①人造卫星－少儿读物 Ⅳ.①V474-49

中国国家版本馆CIP数据核字（2023）第189635号

责任编辑：董子晔

印　　刷：北京缤索印刷有限公司

装　　订：北京缤索印刷有限公司

出版发行：电子工业出版社

　　　　　北京市海淀区万寿路173信箱　邮编：100036

开　　本：889×1194　1/16　印张：27.5　字数：511.5千字

版　　次：2023年10月第1版

印　　次：2023年10月第1次印刷

定　　价：200.00元（全10册）

凡所购买电子工业出版社图书有缺损问题，请向购买书店调换。若书店售缺，请与本社发行部联系，联系及邮购电话：（010）88254888，88258888。

质量投诉请发邮件至zlts@phei.com.cn，盗版侵权举报请发邮件至dbqq@phei.com.cn。

本书咨询联系方式：（010）88254161转1865，dongzy@phei.com.cn。

纳米机器人

懂懂鸭 著

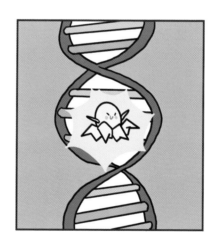

电子工业出版社

Publishing House of Electronics Industry

北京·BEIJING

推荐序

科技作为国之利器，是为中国制造业注入的一股活力，是打开未来之门的一把钥匙。这样听起来，科技好像离我们很遥远？其实，在家里和我们"聊天"的语音助手是科技，商店里用来结账的人脸支付是科技，为通信网络保驾护航的人造卫星也是科技……可以说科技无所不在。从小到大，我们身边的科技产品仿佛有魔力般改变着我们的生活，给我们带来了便捷、创造力和无数的乐趣。但是，你有没有想过这些神奇科技背后的秘密？

《奇迹中国 无所不在的中国科技》这套书通过十大主题的方式讲解了目前最热门的十大科技领域，用全新的漫画形式将复杂的科学原理转化成通俗易懂的故事，每一页都充满着创意和惊喜。比如，可以跟着纳米机器人进入人体内部一起"工作"，也可以看"生病"的量子计算机如何被治愈，还能去"未来动物园"看如何借助基因编辑复活灭绝动物……此外还有仿生机械、脑机接口、航天探测等主题，一个个鲜活的科技世界呈现在我们的面前。

同时，这套书也是我们国家科技发展的一次全面展示，配套的"中国科技"小栏目，不仅反映了我们中国人不断超越自我、超越梦想的伟大精神，也更清晰地呈现出中国科技的发展历程和未来趋势，从而让我们树立强国自信。不信你看，年轻的北斗卫星让中国成为全球第三个可以提供卫星导航系统服务的国家；全球首台人工神经机器人——神工一号，让中国实现了用意念控制瘫痪肢体做出动作反应的重大医疗突破……

因此，通过这套书你们会认识到，我们每个人都可以把对科技的兴趣和热爱转化为强大的力量，成为科技的先驱者，在未来的科技领域有所成就，为我们的国家贡献更多的力量。

让我们一起为中国的科技事业加油，为我们的未来加油！

胡垚

中国生物信息学会会员

参与江苏省"肿瘤早筛研究"项目

二叔有了新发明——缩小仪，畅畅一不小心触发
了机关，"噗"的一下变成了小不点儿，进入了
二叔的身体里……

纳米机器人是根据分子水平的生物学原理设计而成，可对纳米空间进行操作的"功能分子器件"，是一种小型机器人。

细菌

纳米机器人

纳米是一种长度单位，生活中常听到的"纳米级"，讲的是一件东西的大小要用纳米作为长度单位来衡量，非常微小。

为什么会有人想发明这么小的机器啊？

这还要从一位叫理查德·费曼的物理学家说起。

这位病人从外表看没有异常，却如此痛苦，如果外科医生能进入病人身体内部去看一下里面的情况就好了。

理查德·费曼

真希望有迷你医生可以像真正的医生一样，给生病的细胞做手术，还能上药！

1959年，理查德·费曼在一次大众演讲中第一次提到了使用微型机器人来治疗心脏病的想法。此后，科学家们进行了大量研究，以探寻这种想法实现的可能。

走，带你去纳米机器人的世界看看！

听起来就很厉害！

哎，我的胳膊以后可能都动不了了……

随着年龄增大，我们的血管会变得很容易堵塞，引发一系列疾病。

糟糕，我们的任务路线泄密了！

没错，为你们送情报的间谍，被我们抓住了！

军事行动中，情报工作很重要，情报一旦泄露，很容易导致行动失败。

可是这些问题和纳米机器人有什么关系呢？

有了纳米机器人，这些问题就迎刃而解了！我们先来看看纳米机器人是怎么制作出来的吧！

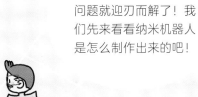

二叔，纳米机器人那么小，是怎么被制作出来的？

在理查德·费曼提出微型机器人这个大胆的设想后，1981年用来加工制作纳米机器人的工具先被发明出来了！

要想制造更精密的电子装置，必须看到物体表面的所有原子。

看来，我们的显微镜必须更新一下了！

在此之前，人们基本上是无法看到原子的，直到新一代显微镜的出现。

中国科技

2021年，在清华大学机械工程系教授朱煜的牵头下，华卓精科公司的光刻机双工作台宣布研发成功，打破了荷兰在此项技术上的垄断。

那是什么样的显微镜？

与其说是显微镜，不如说是一根可以检测到原子的针，针尖要和原子的大小相当，因为大象是没办法给老鼠掏耳朵的！

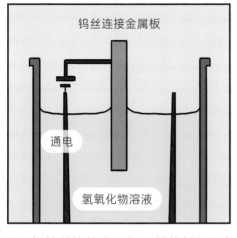

钨丝连接金属板

通电

氢氧化物溶液

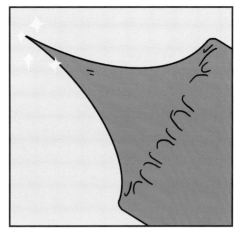

用一根钨丝连接金属板，并将其浸入氢氧化物溶液中，露出部分钨丝。再给这两种金属通电，钨丝露出溶液的根部会发生化学反应，生成钨酸盐。随着钨酸盐不断溶解，这部分会变得越来越细，最后断裂，留下非常锋利的"针尖"。

制造这样的针尖也不容易，他们最后采用了电化学蚀刻技术。

我看到了它的所有原子！太棒了！

三年之后，科学家们用这根针扫描了硅样品的表面，并使用计算机软件制造了第一张原子图像。

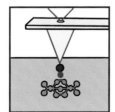

当然！有了这些重要工具作支撑，人类才正式迈入了纳米时代！纳米机器人的概念也就出现了！

从此之后，人类能够观察到物质表面单个原子的排列状态，还可以利用探针精确操纵原子。

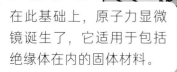

在此基础上，原子力显微镜诞生了，它适用于包括绝缘体在内的固体材料。

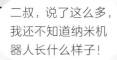

二叔，说了这么多，我还不知道纳米机器人长什么样子！

那我先给你讲讲纳米机器人最普遍的结构吧！

目前，科学家设计的医用纳米机器人主要由响应系统、导航系统和驱动系统组成。

导航系统

我是纳米机器人的"眼睛"！在精密且复杂的人体内行动，想要不迷路，得靠我！

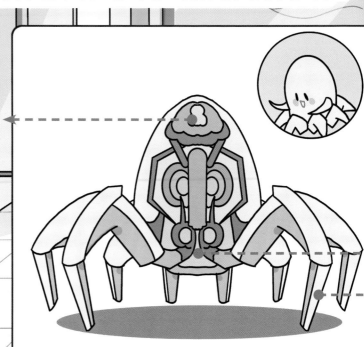

中国科技

2021 年，中国科学院联合上海交通大学，利用蜘蛛丝研制出纳米机器人，实现了 14 纳米的加工精度，做到了分子级别精度的真三维纳米功能器件直写，为我国纳米机器人的开发做出了突破性贡献。

响应系统

我是纳米机器人的"大脑"！找肿瘤细胞，对症下药，都是我的工作。科学家利用一些逻辑算法，指挥我在遇到不同患病细胞时，释放不同的药物。

生物计算用于诊断治疗

健康细胞

不影响健康细胞

信号处理

逻辑响应

疾病细胞

健康细胞

治疗疾病细胞

驱动系统

我是纳米机器人的"双脚"！我体内有一种叫过氧化氢的物质，它分解的时候可以产生很多氧气，这些氧气气泡会推着纳米机器人前进！

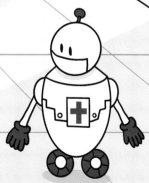

科学家还给过氧化氢安装了一个"怕热"的"开关"，遇冷"开关"打开，受热"开关"关闭，这样就可以控制过氧化氢的分解速度，也就控制了纳米机器人的前进速度。

为了让纳米机器人"动"得更快，科学家有很多设想！

科学家提出，可以用微型发动机带动纳米机器人运动。其转速可以达到18000次/分，和喷气式飞机中的电动发动机差不多。

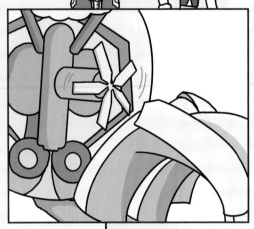

微型发动机可能比盐颗粒的五百分之一还要小。

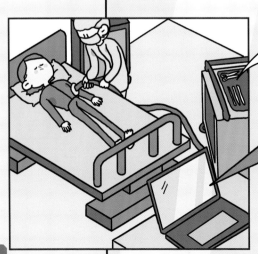

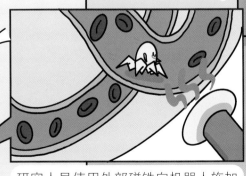

研究人员使用外部磁铁向机器人施加磁场，使螺旋旋转并使纳米机器人在通道中游动。

科学家借鉴细菌"小尾巴"的形状，设计出了螺旋状的纳米机器人——人造细菌鞭毛。

在人造细菌鞭毛的"小尾巴"上涂抹镍和钛两种金属物质，人造细菌鞭毛就会受到磁铁的影响。

这样，科学家在人体外控制磁铁，就可以让血管中的人造细菌鞭毛"加速""拐弯""刹车"！

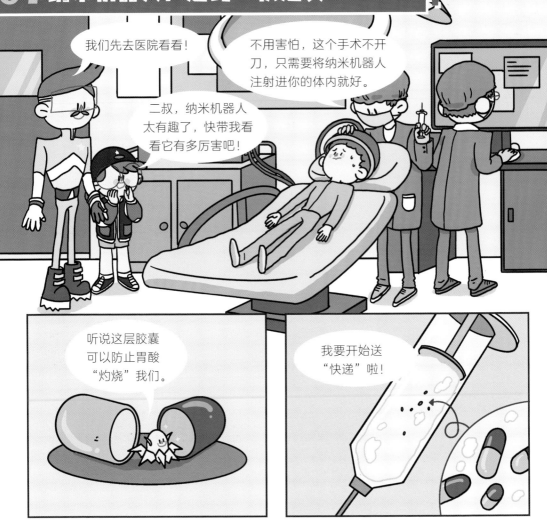

红外线可以击碎胶囊，却不伤害纳米机器人。

接下来看我的！

进入患者体内的胶囊被红外线击碎，纳米机器人就开始工作了。

药物"投递"完毕！

让纳米机器人"投递"药物，不仅给药精准，而且副作用很小。

接下来，就让我们缩小到和纳米机器人一样的大小，去人体内部看看它们是怎么工作的吧！

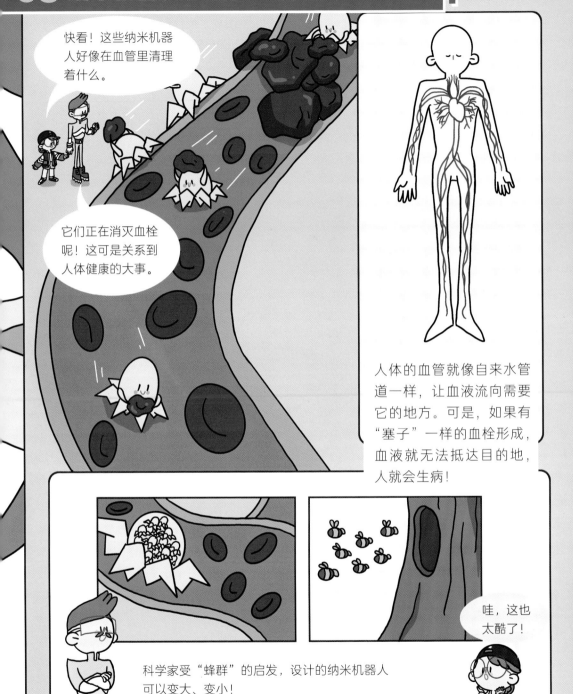

快看！这些纳米机器人好像在血管里清理着什么。

它们正在消灭血栓呢！这可是关系到人体健康的大事。

人体的血管就像自来水管道一样，让血液流向需要它的地方。可是，如果有"塞子"一样的血栓形成，血液就无法抵达目的地，人就会生病！

科学家受"蜂群"的启发，设计的纳米机器人可以变大、变小！

哇，这也太酷了！

科学家利用磁场创造了带状的纳米机器人"蜂群"，"蜂群"由千万个极小的纳米机器人组成。通过调节磁场，可以改变"蜂群"的大小和形状，让"蜂群"穿行于血管中输送药物。

在科学家的操作下，复杂位置的血栓也可以轻松被清除！

2018 年，中国科学家将 DNA 分子折成比头发丝的四千分之一还细的纳米机器人，这是我国纳米机器人技术在血栓治疗中的一大突破。

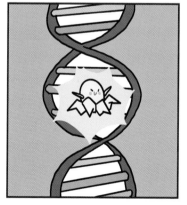

快瞧，医生正在尝试用纳米机器人给身患癌症的小白鼠进行治疗。

我们到小白鼠体内去看看纳米机器人是怎么工作的吧！

我在找一种叫作核仁素的东西！不用担心，科学家在我身上安装了"追踪"核仁素的秘密武器——核仁素靶向 DNA 适配体，很快就能找到的！

纳米机器人，你在找什么啊？要不要我们帮你？

癌变细胞小人

核仁素是一种存在于肿瘤附近血管内皮的特殊蛋白质，纳米机器人只要找到它，就能找到肿瘤！

看我的凝血酶！

纳米机器人、二叔和畅畅，在靶向核仁素 DNA 适配体的带领下，很快找到了肿瘤。

哎？这是怎么回事？

我刚才喷射的凝血酶可以在肿瘤附近的血管中形成血栓。

只要形成血栓，维持肿瘤"生命"的"营养物质"——血液就流不过来了！

我好饿啊——

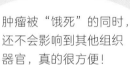

肿瘤被"饿死"的同时，还不会影响到其他组织器官，真的很方便！

中国科技

2018 年，中国科学院上海硅酸盐研究所首次提出"纳米催化医学"的新概念，相关方法可应用于肿瘤治疗，成果已经发表于国际权威学术期刊 *Chemical Society Reviews*。

中国科技

哈尔滨工业大学微纳米技术研究中心的贺强、吴志光教授团队，设计了一种游动微纳米机器人，可以将药物输送至小鼠的组织，治愈小鼠的脑瘤。我国纳米机器人技术又取得了突破性进展。

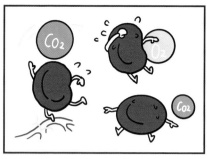

如果红细胞出现故障，没有了氧气和二氧化碳的流动，人体就会缺氧！

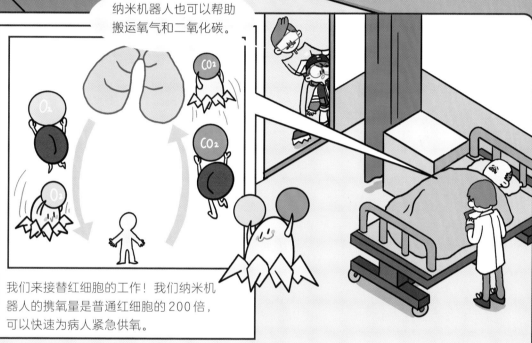

纳米机器人也可以帮助搬运氧气和二氧化碳。

我们来接替红细胞的工作！我们纳米机器人的携氧量是普通红细胞的 200 倍，可以快速为病人紧急供氧。

哇，有纳米机器人搬运氧气，我跑步时呼吸更轻松了！游泳时也不用担心憋气了！

有时，纳米机器人无法与人体中的一些细胞友好"共处"，
会导致患者身体出现一些排异反应……

中国科技

我国的苏州工业园被公认为世界
八大纳米产业集聚区。这里已形
成了纳米新材料、纳米生物技术、
能源与清洁技术、微纳加工技术
等四大纳米技术核心领域。

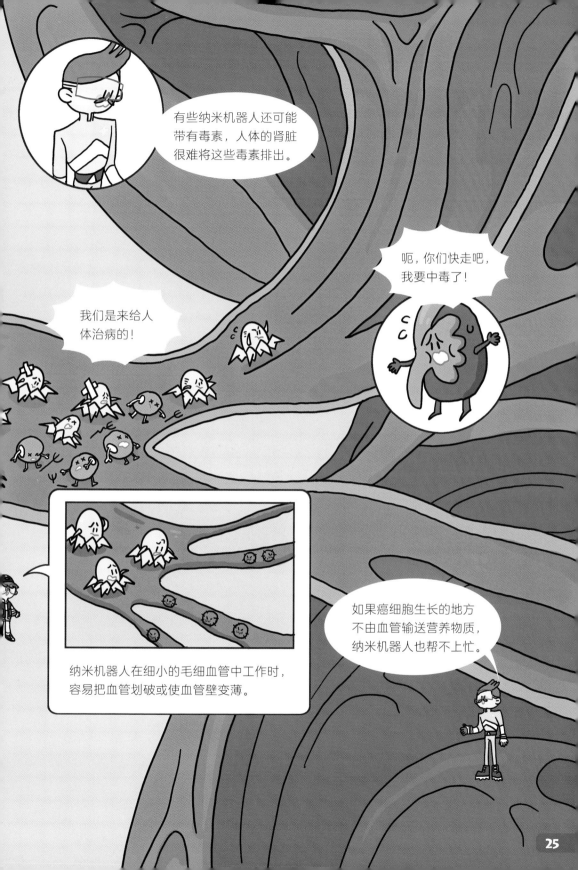

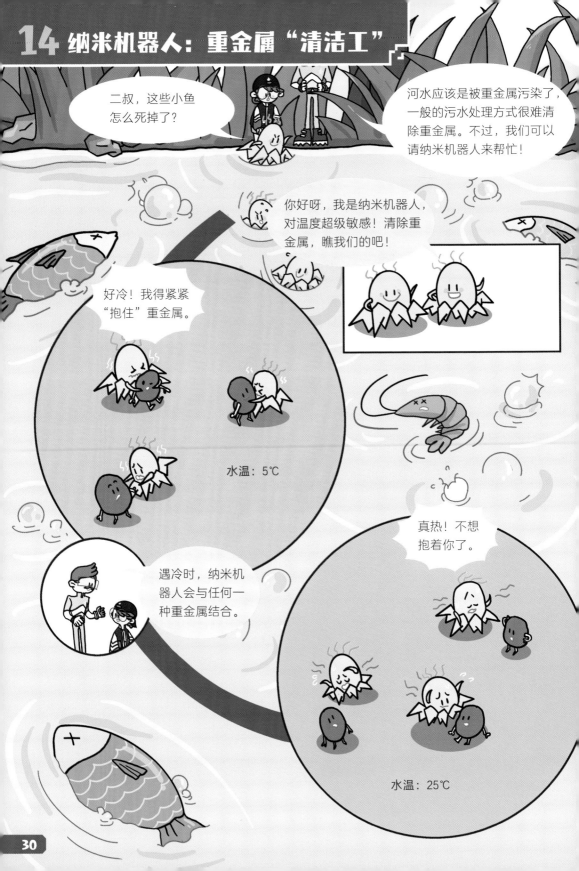

中国科技

中国农业科学院植物保护研究所在《危险材料杂志》上评价了纳米农药对靶标作物的安全性，为科学、合理研发与应用农药纳米载药颗粒提供了理论依据与技术支撑。

这个工厂生产的电脑很小巧啊！

制造纳米机器人的光刻技术，也能用于制造芯片等纳米零件，这样电脑也变得精巧起来了！

光刻技术是什么呢？

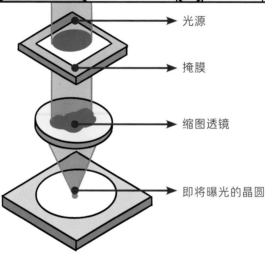

光源

掩膜

缩图透镜

即将曝光的晶圆

光刻技术就是利用光刻胶被光照射后会腐蚀的特点，把掩膜版上的图案缩小，"画"在晶圆上。

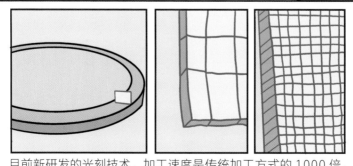

目前新研发的光刻技术，加工速度是传统加工方式的 1000 倍，芝麻大小的零件只要八九分钟就能制作完成。

不过，纳米零件的制作本身还存在一些问题，如何将零件组装成产品，也是科学家正在探索的难题！

组装

纳米零件 → 纳米机器

等科学家攻克这些难题以后，纳米机器人制造工厂应该不需要那么多的大型设备了，而且会变得更加干净、安全。

中国科技

目前，能够在纳米材料上造"蜂窝"的介孔高分子和碳材料技术在中国诞生，标志着我国纳米技术再上一个台阶。

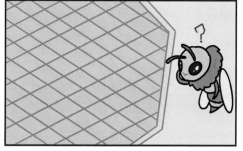

大树晒太阳进行光合作用，可以吸收二氧化碳，释放氧气，产生很多新的能量！

好像有什么东西"伪装"成了叶绿体！

阳光

二氧化碳

叶绿体

水

氧气

是纳米机器人！科学家们也在尝试把纳米机器人训练成一个模仿高手，让它"模仿"叶绿体，在植物细胞中与二氧化碳发生光合作用，产生氧气！

哇，如果以后行道树的树叶里有很多纳米机器人，城市的空气一定会更清新！

假如可以利用这项技术改造航天员的皮肤，航天员每天只要晒晒太阳，喝点儿水，就能自动合成能量！

中国科技

我国自主研发的 NSH 纳米超疏水技术，是仿照自然界的"荷叶效应"研发出来的。NSH 纳米超疏水材料在纺织领域的应用具有国际领先水平。

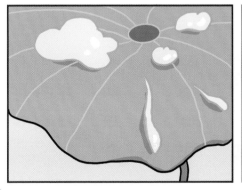

收到命令！
开始行动！

接收到医生的确认指令后，纳米机器人"帽子"中的电磁波"匕首"会划破"包裹"——药物释放。

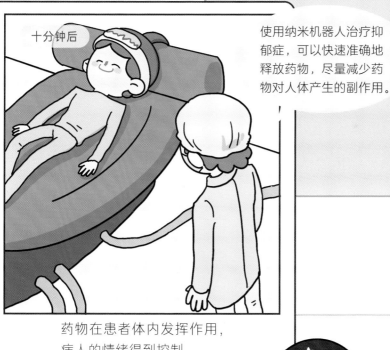

十分钟后

使用纳米机器人治疗抑郁症，可以快速准确地释放药物，尽量减少药物对人体产生的副作用。

药物在患者体内发挥作用，病人的情绪得到控制。

二叔，石油开采中也能用到纳米机器人？

科学家确实有这方面的愿望！

应用于采油工程的纳米机器人已经超越了传统的束缚，它变成一种化学分子系统与机械系统的有机结合体。

我们在这片区域找到了好多石油。

这片区域的石油又多又好，大家快来啊！

报告总部！已经圈定油藏范围，可以计划开采了。

这里的油藏环境不好，我们去其他地方看看！

地图

二叔，石油开采中的纳米机器人可太好用了！

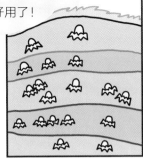

不过，现在石油开采中，纳米机器人的使用还存在很多难题！如何让纳米机器人在油层中均匀分布？怎么为纳米机器人提供足够的动力到达目的地？

建立地质模型的信息已经收录完毕！工程师，看到这里的断裂带了吗？可能不方便开采石油！

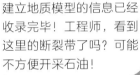

展开修复工作，辛苦啦！

管道堵塞了，伙伴们，加油挖开它！

二叔，感觉未来纳米机器人在医学上会有许多用处！

老细胞"撤退"，新细胞顶上！

这项技术快点儿开发出来吧，我就不会变老了！

没错！未来的纳米机器人可能还会"指挥"细胞进行更换和修复！细胞不断更新，人体也能保持年轻！

如果这项技术能成真，学习就是非常简单的事情了！

在科学家的设想中，通过纳米机器人可以组成脑机接口，这样人类之间即可没有阻碍地交流思想！

兄弟们，准备组建大厦了！

一秒钟后

哈哈，纳米机器人1秒建成大厦！还可以解散纳米机器人，到其他地方建造不同造型的建筑！

未来，纳米机器人可能参与到城市建设当中！

这边垃圾中的有毒物质已经清除完毕，可以再次利用啦！

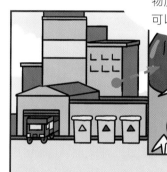

没准，未来纳米机器人还可以帮助我们对人类产生的垃圾进行处理回收，二次利用呢。

中国科技

2017年，哈尔滨工业大学设计开发的医疗纳米机器人，已经可以进入动物的血管、视网膜等传统器械难以到达的位置，并清除变异细胞。

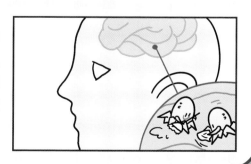

懂懂鸭
知识问答

问题 1： 纳米实验室为什么要非常干净？

回答：因为纳米产品都是非常细小精密的，如果有灰尘落在上面，即便是很小的颗粒，也会像"泰山压顶"一样压坏纳米产品。所以，纳米产品的研发一般是在无尘实验室里进行的。当然，绝对的无尘是不可能实现的。科学家要求，纳米实验室一立方米空气中的灰尘不能超过100个，科学家称之为百级清洁度。

问题 2： 纳米衣服有什么优点？

回答：科学家把纳米技术应用在我们日常生活的很多方面，纳米衣服就是其中的"优秀代表"！在普通的面料中混合进纳米材料，经过反应后纺丝加工，可以做成衣服。纳米衣服不仅不怕脏、不怕水，而且抗菌防臭，防紫外线照射，只要用清水冲洗，很快就能洁净如新。

问题 3：纳米技术为什么还没有普及？

回答：纳米技术可以应用在我们生活中的很多地方，但为什么还是没有普及呢？一方面是设备还不完善，例如在制造纳米芯片中非常重要的光刻机，大多只能通过从国外购买的方式引进。另一方面，制造纳米材料的成本比较高，例如纳米衣服虽然很好，但是面料和配件的生产成本都很高，普通百姓难以承受。

问题 4：使用纳米技术建造的房子是什么样的？

回答：科学家设想，把纳米技术用在房子的建造上，会很大程度使我们的生活更便捷。首先，使用纳米材料涂墙面，可以保证墙面长时间使用而不脏，耐洗刷性可以提高 10 倍以上。其次，在玻璃和瓷砖上使用纳米技术，不仅可以实现自清洁，还可以吸收紫外线等对人体有害的光线，甚至可以自己杀菌、除味。

问题 5：为什么说使用纳米机器人是把"双刃剑"？

回答：纳米机器人为人类的生活带来了很多帮助，但也有科学家预言，纳米机器人会给人类带来灾难。科学家担心，纳米机器人如果失去控制，会疯狂复制自身，把地球上的建筑、生物等全部拆开组成纳米机器人。而且，纳米机器人过于细小，一旦失控，"绞杀"将十分困难。所以，对纳米机器人的使用还是应该更加谨慎。

作者团队

懂懂鸭是飞乐鸟品牌旗下的儿童原创品牌，由国内多位资深童书编辑、插画师、科普作家协会成员组成，懂懂鸭专注儿童科普知识的创新表达等相关研究，坚持做中国个性的儿童原创科普图书，以中国优良传统美德和深厚的文化为核心，通过生动、有趣的原创插画，将晦涩难懂的科普百科知识用易读、易懂的方式呈现给少年儿童，为他们打开通往未知世界的大门。近几年自主研发一系列的童书作品，获得众多小读者的青睐，代表作有《国宝有话说》《好吃的中国》等，并有多个图书版权输出到日本、韩国以及欧美的多个国家和地区。

图书在版编目（CIP）数据

纳米机器人 / 懂懂鸭著. --北京：电子工业出版社，2023.10

（奇迹中国：无所不在的中国科技）

ISBN 978-7-121-46446-1

Ⅰ.①纳… Ⅱ.①懂… Ⅲ.①纳米材料—机器人—少儿读物 Ⅳ.①TP242-49

中国国家版本馆CIP数据核字（2023）第193424号

责任编辑：董子晔

印　　刷：北京缤索印刷有限公司

装　　订：北京缤索印刷有限公司

出版发行：电子工业出版社

　　　　　北京市海淀区万寿路173信箱　邮编：100036

开　　本：889×1194　1/16　印张：27.5　字数：511.5千字

版　　次：2023年10月第1版

印　　次：2023年10月第1次印刷

定　　价：200.00元（全10册）

凡所购买电子工业出版社图书有缺损问题，请向购买书店调换。若书店售缺，请与本社发行部联系，联系及邮购电话：（010）88254888，88258888。

质量投诉请发邮件至zlts@phei.com.cn，盗版侵权举报请发邮件至dbqq@phei.com.cn。

本书咨询联系方式：（010）88254161转1865，dongzy@phei.com.cn。